杯中一百年

133 款经典鸡尾酒和背后的故事

金众磊　舒　宓 ◎ 编著

摸灯醉叔叔 ◎ 审订

中国轻工业出版社

图书在版编目（CIP）数据

杯中百年：133款经典鸡尾酒和背后的故事 / 金众磊，舒宓编著. — 北京：中国轻工业出版社，2023.5

ISBN 978-7-5184-3992-8

Ⅰ . ①杯⋯ Ⅱ . ①金⋯ ②舒⋯ Ⅲ . ①鸡尾酒—基本知识 Ⅳ . ① TS972.19

中国版本图书馆 CIP 数据核字（2022）第 080634 号

责任编辑：胡 佳　　　　责任终审：劳国强　　整体设计：刘 超
策划编辑：张 弘 胡 佳　责任校对：朱燕春　　责任监印：张京华

出版发行：中国轻工业出版社（北京东长安街6号，邮编：100740）

印　　刷：北京博海升彩色印刷有限公司

经　　销：各地新华书店

版　　次：2023年5月第1版第3次印刷

开　　本：710×1000　1/16　印张：20

字　　数：300千字

书　　号：ISBN 978-7-5184-3992-8　定价：168.00元

邮购电话：010-65241695

发行电话：010-85119835　传真：85113293

网　　址：http://www.chlip.com.cn

Email：club@chlip.com.cn

如发现图书残缺请与我社邮购联系调换

230501S1C103ZBW

致吧台后的所有调酒师

写在前面的话

我是 30 年前开始接触经典鸡尾酒的。那时，我们学酒完全靠师父的言传身教——师父怎么说就怎么做，没有自己的理解。

后来，我去了日本进修。回国之后，我在 2000 年开了第一家"酒池星座"，想要复刻经典。那个时候，我终于理解了经典的重要性。

如何定义经典鸡尾酒？它们必须满足四个条件：

❶ 原料应该非常容易获得；
❷ 制作快速而简单；
❸ 味道好，而且能够符合大众口味；
❹ 极有可能实现复古创新和极其容易传播。

在复刻经典鸡尾酒的时候，对历史和风味的理解非常重要。现代社会对经典鸡尾酒越来越陌生，甚至连很多调酒师都说经典的不好喝。其实那是因为没做好。举个例子，绿蚱蜢做得难喝的比比皆是，因为调酒师没有去思考怎样把它做得优雅好喝。为什么同样一杯酒，我能做好，你却做不好？因为你背后没有花工夫。

为什么有些调酒师不愿意学习经典？因为它需要花时间。复刻经典可能需要两天，也可能需要二十年。但经典的魅力是不可否认的。非常时髦的电影和电视剧里都会出现经典鸡尾酒的身影，像《007》和《性感都市》等。

这本书的目的就在这里，教导大家千万不要忘记经典鸡尾酒。经典鸡尾酒是教科书般的存在，是我们调酒师必备之课程。

最后，要感谢资深酒类作者舒宓跟我一起编著本书——我们进行了大量对谈，查阅了许多资料，才完成定稿（本书的大部分内容也用在了我跟"摸灯醉叔叔"合作推出的线上课程中）。也要感谢资深摄影师刘超为本书掌镜，让读者能够以最直观的方式欣赏到经典鸡尾酒之美。

目录

开始调酒前，
你需要
了解的
基础酒水分类

白兰地
BRANDY

白兰地是以果汁发酵蒸馏而成的烈酒，比如干邑和卡尔瓦多斯（法国特有的一种苹果白兰地）。

金酒
GIN

金酒可以在世界任何地方生产，但原料中必须用到杜松子。经典鸡尾酒最常用到的是伦敦干金酒：虽然这一类金酒名字中带"伦敦"两个字，但不一定要在伦敦生产。有些老配方则会用到甜度更高的老汤姆金酒。

朗姆酒
RUM

以甘蔗为原料发酵蒸馏而成的烈酒。在全世界都可以生产，但加勒比地区和南美洲国家出产的尤为知名。

威士忌
WHISKY

威士忌是以谷物为原料，经糖化、发酵、蒸馏、桶陈等步骤生产而成的烈酒。按照原料和生产方式的不同，威士忌可以细分为：单一麦芽威士忌、调配型威士忌、调配型麦芽威士忌、单一谷物威士忌和调配型谷物威士忌。

单一麦芽威士忌
SINGLE MALT WHISKY

以百分之百发芽大麦为原料、在同一家酒厂内酿造的威士忌。

调配型威士忌
BLENDED WHISKY

以单一麦芽威士忌和谷物威士忌调配而成的威士忌。

调配型麦芽威士忌
BLENDED MALT WHISKY

以产自不同酒厂的单一麦芽威士忌调配而成的威士忌。

单一谷物威士忌
SINGLE GRAIN WHISKY

以一种或多种谷物为原料、在同一家酒厂内酿造的威士忌。

调配型谷物威士忌
BLENDED GRAIN WHISKY

以产自不同酒厂的谷物威士忌调配而成的威士忌。

波本威士忌和黑麦威士忌
BOURBON WHISKEY & RYE WHISKEY

很多经典鸡尾酒都以波本威士忌或者黑麦威士忌为基酒。这两款酒都是美国的代表性威士忌。根据美国法律规定，波本威士忌必须以至少 51% 的玉米为原料，黑麦威士忌则必须以至少 51% 的黑麦为原料，使用内壁烧焦过的全新橡木桶陈年，而且必须在美国制造。

伏特加
VODKA

其实，传统伏特加就是一种无色无味的中性烈酒。只要是能够转化为糖分的原料都可以用来生产伏特加。

特其拉
TEQUILA

特其拉是墨西哥特其拉协会对 Tequila 的官方翻译。特其拉必须以蓝色龙舌兰为原料，而且只能在墨西哥法定的产区生产。

利口酒
LIQUEUR

鸡尾酒中常用的甜味剂，每升含糖量不低于 100 克。Liqueur 也会被翻译为"力娇酒"。

雪利酒
SHERRY

西班牙生产的一种加强型葡萄酒。

开胃酒
APERITIF

　　开胃酒的含义非常宽泛：只要是在餐前饮用、用于刺激食欲的酒都可以称为开胃酒。它们通常酒精度较低，而且原料中加入了各种草本植物。

苦精
BITTERS

　　苦精通过以高度烈酒浸渍草药、香料等原料制成，通常作为风味跨度比较大的鸡尾酒原料之间的桥梁。因为苦精的风味非常浓缩，所以调酒时一般只需少量使用。★ **常用的计量单位是 dash（大滴，略少于 1 毫升）和 drop（小滴，约等于 0.1 毫升）。**

香槟
CHAMPAGNE

　　一种只能在法国香槟区生产、以香槟法酿造的起泡葡萄酒。

葡萄酒
WINE

　　以葡萄发酵而成的酒，风格多种多样，世界各地均有生产。

必备
调酒工具
推荐

量酒器
JIGGER

用来量取液体原料的工具，通常为两头：一头容量为 30 毫升，另一头容量为 60 毫升。

吧勺
BAR SPOON

吧勺的主要作用是搅拌原料，所以柄比普通勺子要长得多，这样才能抵达搅拌杯的底部。

搅拌杯
MIXING GLASS

用来加冰搅拌鸡尾酒的工具，通常是玻璃材质。

摇酒壶
SHAKER

用来摇匀鸡尾酒的工具。常见类型包括寇伯乐摇酒壶（又称三段式摇酒壶❶）和波士顿摇酒壶（又称两段式摇酒壶❷）。

过滤器
STRAINER

鸡尾酒制作完毕之后，用来把酒液过滤到杯中的工具。常见类型包括霍桑过滤器❶、茱莉普过滤器❷和细网过滤器❸。

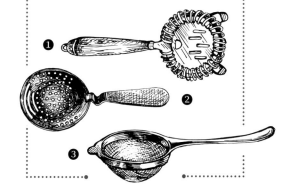

捣棒
MUDDLER

用来捣压水果和草本植物等原料的工具，通常为木质。

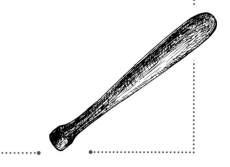

BRANDY

COCKTAILS

第一章

白兰地鸡尾酒

萨泽拉克
SAZERAC

- 配方 -

30毫升 人头马VSOP优质香槟区干邑
30毫升 酩帝诗US★1黑麦威士忌
5～8毫升 树胶糖浆
15大滴 佩肖苦精
用来洗杯的适量苦艾酒
装饰：柠檬皮卷

- 步骤 -

❶ 在装满碎冰的老式杯中倒入苦艾酒，转动酒杯令苦艾酒润湿杯壁，放在一边备用。

❷ 将其他所有原料倒入搅拌杯，加冰搅匀。

❸ 将备用杯中的苦艾酒和碎冰倒出，然后滤入搅拌杯中的酒液。以柠檬皮卷装饰。

萨泽拉克号称是世界上第一款鸡尾酒——虽然我们凭借现有资料并不能百分之百确认这一点，但它的历史绝对是非常悠久的，有180年到190年。

萨泽拉克最早诞生在美国新奥尔良法语区，基酒是干邑，后来传到路易斯尔后就换成了黑麦威士忌。我们店里现在做的萨泽拉克，基酒用的是1：1比例的干邑和黑麦威士忌，因为我们不想失去法国的风味，也不想失去美国的风味。

萨泽拉克这款酒的出品一定是没有冰块在里面的。我们还需要做很多的工作，来掩盖它强烈的酒精味。那我会做些什么样的工作呢？加入芳香苦精。而且芳香苦精的用量很大，在15大滴到20大滴，因为它的香气尤其要盖住黑麦威士忌的味道——黑麦威士忌的味道很浓重。

还要用到什么？苦艾酒。苦艾酒只是用来洗杯的，会出现在后段的味道里。我们会在杯中加入碎冰，倒进苦艾酒，让整个杯子里充满苦艾酒的味道，然后倾倒掉，它不会出现在酒里面。

有的人做的萨泽拉克喝上去，"哇，酒精味好冲！"这就是他对这款酒没有琢磨透、理解透，因为我们觉得，任何鸡尾酒在口感上一定不会令人反感，一定是要让你接受的。做出来不好喝的人对于萨泽拉克的理解，认为它就是从美国过来的一个东西，加美国威士忌就可以了，其实并不是这样。

萨泽拉克一开始是用干邑，后来到了路易斯维尔才改良成用黑麦威士忌。要知道，当时的烈酒制作是比较粗糙的。为什么会出现鸡尾酒？因为烈酒很难入口。怎么让它好喝？你看我们的配方里面：加糖、加水稀释，让它变得柔和；加苦精，让它变得复杂；加皮油，让它有令人愉快的香气。鸡尾酒就这样诞生了。

萨泽拉克也是一样：我们用干邑增添它的甜美度和饱满度；用黑麦威士忌增加它的复杂度；加糖——里面放了糖浆。我们用树胶糖浆让它变得甜美、柔和；加芳香苦精，掩盖酒精的味道，让它变得柔和；用苦艾酒，增加后味的复杂度；最后用柠檬皮，增加香味。然后搅拌稀释，整个过程就是一款鸡尾酒的诞生。

如果做得好，你是完全喝不出里面有干邑和黑麦威士忌的。它就是一个整体，这个整体就是萨泽拉克。不应该说，前半段我喝到干邑，后半段喝到黑麦威士忌，再后来有一点点香味。那不是一个成品。

萨泽拉克，我喝过很多个版本。有的是很离谱的，已经改得不像萨泽拉克了。其实这款酒有很多可以去研究的细节。比如，用什么样的苦艾酒？可能你比较喜欢用法国的，为什么呢？为什么不用捷克的苦艾酒？捷克是苦艾酒的故乡，当然可以用。但是我们觉得捷克的苦艾酒很原始，芳香味没那么重，而法国的苦艾酒经过改良，香气更好。法国也是做苦艾酒的大国，但禁止生产了很多年，直到2011年才开始重新生产。法国的苦艾酒艾草含量非常低，只有百分之零点几，因为艾草含量太高会致幻。

在我们店里，萨泽拉克会用干邑和黑麦威士忌去混合。混合的目的是让它变得甜美、复杂。我们店的萨泽拉克还是有相当一部分人去点的。很多客人一走进来就说："萨泽拉克。"所以，不可以让萨泽拉克消失。但现在很多年轻调酒师错误的做法也非常多，比如，在萨泽拉克里加冰块。记住，它一定是没有冰块的，因为成品不需要再稀释。我也看到过有人用浸樱桃的糖浆，但因此会有樱桃味，这种做法并不可取。有的人不用苦艾酒去洗杯，这样萨泽拉克的轴心就没有了。

这款酒应该有很复杂的香味——柠檬皮的香味、苦艾酒的香味，还有各种酒的香味。而且它必须是一款有一定酒精度数的酒，为什么？因为酒精在里面起了很大的作用——它能够比糖更好地保护风味。

我为什么呼吁要用利口酒，不用糖浆？一款烈酒加糖浆、加柠檬就是鸡尾酒——现在普遍都是这么做。但是我认为最好不要这样做，因为现在很多年轻调酒师已经慢慢不会用利口酒了。有的酒吧你走进去一看，糖浆已经比利口酒还多，因为调酒师发现糖浆这个东西太好用：又甜、颜色又多，让女生更容易接受。

现在很多年轻调酒师以为鸡尾酒就是混合饮料，对，没错。但为什么混合、选什么材料混合、怎么混合才会好喝？这是需要调酒师认真思考的问题。

现在的调酒师亟须提高知识水平。经过十几年考证的配方，我们不是做出来就算了，首先要过自己这关。还好我做了那么多年的调酒师，对风味的把握还是可以抓得准的。只要我觉得有一点点不对，这款酒就不能做出来。

现在佩肖苦精是比较难拿到手的材料，但是在这个世上不会因此少一杯萨泽拉克。有的人因为缺少材料而使用代替品。我觉得，没有这个材料就跟客人说没有，做不了。配方里面缺东西，构架就有问题。制作古典鸡尾酒的谨慎态度决定了这杯鸡尾酒的出品是不是合格。要记住，调酒师就是药剂师，你不能欺骗顾客。

萨泽拉克

SAZERAC

边车
SIDECAR

- 配方 -

60毫升 人头马VSOP优质香槟区干邑
30毫升 君度橙酒
30毫升 新鲜柠檬汁

- 步骤 -

❶ 将所有原料倒入摇酒壶,加冰摇匀。
❷ 滤入冰过的杯中。

边车的意思大家都应该知道,指的是加边斗的三轮摩托车。

关于它的起源并无定论。有个故事说,它是第一次世界大战期间一位美国军官在巴黎发明的,而边车这个名字源自他骑的三轮摩托车。巴黎的哈利纽约酒吧(Harry's New York Bar)则声称自己是边车的诞生地。当时酒吧的老板哈利·麦克埃霍恩(Harry MacElhone)在 1922 年出版了一本书,叫作《哈利调酒入门》(*Harry's ABC of Mixing Cocktails*),里面收录了边车的首个书面配方。

我在巴黎的哈利纽约酒吧和丽兹酒店都喝过这款酒。其实巴黎丽兹酒店也说这款酒是他们发明的,那里一杯边车要卖 50 欧元,但做得也并不完美。比较下来,还是哈利纽约酒吧做得好一点。

哈利纽约酒吧是一家非常传奇的酒吧。现在它已经集团化了,元老店开在巴黎,至今已经有一百多年的历史。20 世纪 20 年代,这家酒吧创造出了很多经典的鸡尾酒,像血腥玛丽和白色佳人。当然,还有边车。可以说,它见证了鸡尾酒历史的发展。从每天下午开始,很多人就已经站在吧台边上喝酒,来自世界各地的调酒师也会去那里朝圣。

其实,在国外喝酒,你会发现他们给你的酒杯都是非常随意的。相比之下,我们国内的酒吧杯子越用越好,因为国内的网络太发达,大家能看到这些东西。哈利纽约酒吧不会给你特别高级的杯子,而在国内,没有特别好的杯子你都拿不出手。某种意义上,国内的酒吧做得更精致。

很多国外的酒吧,你去了会失望,因为酒的数量很少,有的连酒单都很简陋。而在国内,酒单要好,杯子要好,装修也要好。在这一点上真的比国外做得好。但是,硬件虽然好了,整个调酒水平却不尽如人意。

我每次出差都会去很多酒吧喝酒，那里装修很好，酒却一般般，所以国内酒吧要提高的不是装修，而是调酒技术要跟上。

边车是酸酒家族的一位老成员，它用到了干邑、君度和柠檬汁。它的经典配方是 2：1：1——211 的黄金比例配方。通常我们做这个酒是用这个配方，但我师父教我的时候多用了一种材料：他会放一吧勺橙汁在里面，让它出一点点的鲜味。这就变成了我老师的一种个人风格。

边车也是最容易被改编的一款酸酒。也就是说，只要会做边车，就一定会做很多酒——XYZ、白色佳人、玛格丽特等。威士忌酸酒也是非常有名的一款酸酒，但它的历史没有边车这么长。

其实最早的酸酒也是用干邑来做的，因为威士忌被人知道得很晚，而干邑的历史非常悠久。很多威士忌做的鸡尾酒都是从干邑引申出来的。比如酸酒——基酒最早是干邑；再比如萨泽拉克——基酒本来是干邑，不是黑麦威士忌。

在制作边车的时候，我们提倡用 VSOP 干邑，而不是 XO 干邑去做，这样酒的价格会降下来。而且我个人推荐用人头马优质香槟区干邑。为什么呢？我喝干邑喝到现在，也就人头马给我的感觉是味道一直没有变过。

有的人做边车会用柑曼怡来代替君度，但它们是两种完全不同的酒。柑曼怡不能被叫作 triple sec（一种口感偏干的橙皮利口酒）；它其实是一种橙味白兰地，甜度、味道、颜色和君度都不一样。白兰地是陈年的，酒倒出来是棕色的。柑曼怡本身是非常出色的一款酒，加上苏打水就已经很好喝了，没有必要和君度混为一谈。

对于边车，我还是提倡坚持它原来的制法——不要改变太多东西，让它原汁原味地呈现出来。我们在店里也试过很多次，这种原汁原味的呈现效果都很好，只要用对材料、用对酒就可以了。那为什么现在很多调酒师做得不好喝呢？主要在于选材以及柠檬汁的萃取方式不同。

在萃取柠檬汁的时候，注意不能把柠檬的苦味萃取进去，要把皮削掉。另外，还要让柠檬汁经过一段时间的氧化，让它的味道变得柔和。还有就是摇酒时间的长短。有些调酒师摇得时间太长，水化得太厉害，酒就会变得味道平平。我们在制作这款酒的时候，因为它的材料很简单，所以很多细节就成了它重要的一部分。

边车

SIDECAR

白兰地亚历山大
BRANDY ALEXANDER

- 配方 -

45毫升 人头马 VSOP 优质香槟区干邑
30毫升 棕可可利口酒
45毫升 半对半奶油
装饰：现磨肉豆蔻粉

- 步骤 -

❶ 将所有原料倒入摇酒壶，加冰摇匀。

❷ 滤入冰过的杯中，以现磨肉豆蔻粉装饰。

叫亚历山大的鸡尾酒有很多，其中有据可查的最早一款亚历山大来自 1916 年出版的鸡尾酒书《调饮配方》(Recipes for Mixed Drinks)，作者是雨果·恩斯林 (Hugo Ensslin)。它的原料包括金酒、可可利口酒和奶油。

我要介绍的白兰地亚历山大应该诞生于 20 世纪 30 年代，配方是干邑、棕可可利口酒和半对半奶油 (half-and-half)，也就是一半牛奶混合一半奶油，加上肉豆蔻粉。它只需要微发泡就可以了，不能发泡得太厉害。

可可利口酒的使用要适量。如果干邑的风味过于突出的话，很多人接受不了。要突出可可的味道，让它变得容易喝。这款酒的口感非常顺滑，奶油味很重，女孩子比较容易接受。肉豆蔻也要现磨上去。

这款酒追求的是干邑和巧克力结合的非常微妙的口感，所以要掌握它还是有一点点难度的。要不然就做成了巧克力酒，或者是干邑味道太重，所以量要掌握得很好。不久前，我喝了一位调酒师做的白兰地亚历山大，发觉他从解读这款鸡尾酒的配方就已经出现了错误。他用的是白可可利口酒和牛奶，载杯用的是加冰块的老式杯，导致这杯酒非常失败。这可能是因为这位调酒师对配方解读得不自信或者对配方的理解不透彻。

常见的白兰地亚历山大配方是两份干邑、一份可可利口酒、一份半对半奶油，但我的配方在这个基础上做了一些调整。

白兰地科斯塔
BRANDY CRUSTA

- 配方 -

60毫升 人头马VSOP优质香槟区干邑

15毫升 君度橙酒

20毫升 樱桃利口酒

20毫升 新鲜柠檬汁

2~3大滴 安高天娜苦精

装饰：糖圈和橙皮

- 步骤 -

❶ 取一个葡萄酒杯, 杯沿外壁在切开的新鲜柠檬果肉上转
   一圈, 沾上柠檬汁, 然后再蘸半圈糖粉, 做成糖圈杯备用。

❷ 将所有原料倒入摇酒壶, 加冰摇匀。

❸ 滤入备好的葡萄酒杯, 以橙皮装饰。

白兰地科斯塔诞生在 19 世纪 50 年代的新奥尔良, 所以我总说, 它是一款 100 多年前的鸡尾酒, 超级经典。杰瑞·托马斯在 1862 年出版的《调酒师指南》里面就收录了这款酒。

白兰地科斯塔最特别的地方在于它的杯口外面有一圈厚厚的糖层, 差不多在 1~1.5 厘米。其实, 它名字里的科斯塔指的就是外面这圈厚厚的糖层, 而科斯塔本身也是一个古老的鸡尾酒家族, 家族成员的共同点之一就是杯口外缘有一圈糖层。另外, 它们的杯口要放柑橘果皮装饰, 喝的时候要把果皮压到酒里面去——这个动作是需要客人自己来完成的。

我们店在做这款酒的时候, 延续了老的配方和装饰, 没有做任何变化。

马颈
HORSE'S NECK

- 配方 -

1份 人头马VSOP优质香槟区干邑

2份 干姜水

装饰：一整只柠檬的皮

- 步骤 -

❶ 将一整只柠檬的皮呈螺旋状切下，去除白色海绵层。

❷ 将盘旋的柠檬皮放入高球杯，然后加入冰块。

❸ 倒入干邑和干姜水，轻轻搅拌一下。

我们来聊一聊看上去简单、实则不简单的马颈。

说简单，是因为它只有两种原料——干邑加干姜水。说不简单，是因为它的装饰——长长的柠檬皮在杯中盘旋，看上去就像马脖子，而这也正是它名字的由来。

这个装饰制作起来比较麻烦，要从一整只柠檬上面切下来，考验的是调酒师的耐心。虽然现在也有专门的工具，但我们还是崇尚手切，因为它不能太细，需要有一定的宽度，在杯中呈现出螺旋的状态。

马颈是一款经典美国鸡尾酒，历史可以追溯到19世纪90年代。一开始，它是一款无酒精饮品，配方是干姜水加冰和柠檬皮。加干邑的版本直到20世纪初才出现。

20世纪中期，马颈成为英国海军士兵们最爱喝的鸡尾酒之一。"007"的作者伊恩·弗莱明曾经在多部小说中提到过它，比如在《女王密使》和《雷霆谷》中，邦德都喝过白兰地加干姜水。

床笫之间
BETWEEN THE SHEETS

- 配方 -

30毫升 人头马VSOP优质香槟区干邑

30毫升 百加得白朗姆酒

30毫升 君度橙酒

22.5毫升 新鲜柠檬汁

装饰：柠檬皮卷

- 步骤 -

❶ 将所有原料倒入摇酒壶，加冰摇匀。

❷ 滤入碟形杯，以柠檬皮卷装饰。

我们已经介绍过了经典干邑鸡尾酒边车（第 20 页），而床笫之间正是在边车的基础上发展而来的。

边车的配方是干邑、橙皮利口酒和柠檬汁，只要把基酒换成干邑加朗姆酒，做出来的就是床笫之间了。

普遍认为，这款酒是 20 世纪 30 年代哈利·麦克埃霍恩在哈利纽约酒吧发明的。

汤姆和杰瑞
TOM AND JERRY

- 配方 -

30毫升 人头马VSOP优质香槟区干邑

30毫升 加香朗姆酒

180毫升 半对半奶油

20毫升 单糖浆

1个 蛋清　1个 蛋黄

装饰：现磨肉豆蔻粉

- 步骤 -

❶ 取一个鸡蛋,分离蛋清和蛋黄,然后用手持搅拌器分别打发,备用。

❷ 在蛋清中倒入干邑、加香朗姆酒、温热的半对半奶油和单糖浆,用手持搅拌器打发。

❸ 倒入蛋黄,继续打发。

❹ 倒入热饮杯,以现磨肉豆蔻粉装饰。

这个汤姆和杰瑞可不是大家熟悉的动画片《猫和老鼠》(Tom and Jerry)。它是一款诞生在19世纪的经典热鸡尾酒。

关于它的诞生有一个比较常见的说法: 1821年,英国记者皮尔斯·伊根(Pierce Egan)出版了《伦敦生活》(Life in London),书里的两个主人公分别叫杰瑞和汤姆。为了推广这本书,皮尔斯发明了这款酒。

也有人说,汤姆和杰瑞是美国鸡尾酒先驱杰瑞·托马斯发明的。但就和许多经典鸡尾酒一样,它真正的发明者已经无法考证了。

汤姆和杰瑞的原料包括朗姆酒、干邑、蛋清、蛋黄和糖浆。它的口感比较丝滑,就像我们喝的丝袜奶茶那种感觉。

汤姆和杰瑞的做法并不复杂,但现在几乎没人做这款酒了。它需要先把蛋清和蛋黄分别打好,蛋清会轻微发泡,然后再搅拌烈酒,最后把蛋黄放进去做一次综合搅拌,在上面撒上现磨肉豆蔻粉装饰。

我觉得它跟蓝色火焰很像,是以前劳工阶层喜欢喝的酒,因为能喝得饱。

汤姆和杰瑞是一款热饮,所以一定要用有把手的酒杯,而且千万不能用金属材质的。

史丁格
STINGER

- 配方 -

90毫升 人头马VSOP优质香槟区干邑
30毫升 白薄荷利口酒
装饰：新鲜薄荷叶

- 步骤 -

❶ 将干邑和白薄荷利口酒加冰摇匀，滤入杯中。
❷ 在杯中加满碎冰，以新鲜薄荷叶装饰。

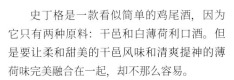

史丁格是一款看似简单的鸡尾酒，因为它只有两种原料：干邑和白薄荷利口酒。但是要让柔和甜美的干邑风味和清爽提神的薄荷味完美融合在一起，却不那么容易。

借着这款史丁格，我们可以带出一个概念：双料鸡尾酒（Duo Cocktail）。所谓的双料鸡尾酒，就是只用烈酒和利口酒这两种原料调制的鸡尾酒。史丁格和本书中介绍的黑俄罗斯（第 222 页）、法国情怀（第 38 页）都是代表性的双料鸡尾酒。

在双料鸡尾酒里加入含奶油的原料，就变成了三料鸡尾酒（Trio Cocktail）。大名鼎鼎的白俄罗斯就属于三料鸡尾酒。

再回到史丁格这款酒。史丁格诞生的时间没有确切记载，但有据可查的是，它在 20 世纪初的纽约非常流行，尤其受到上流社会的青睐。

最早的史丁格配方用的是等份干邑和白薄荷利口酒，因为它原本是一款餐后鸡尾酒，甜度相当高。后来，人们开始在其他时段喝它，不再仅限于晚餐后，利口酒的用量也就变少了。

那么，史丁格这个名字是什么意思呢？Sting 的意思是"刺"，而它之所以叫史丁格，是因为人们认为这杯酒能够缓解一切刺痛。2000 年左右，它在日本非常有名，很多人喝。

基酒

卡尔瓦多斯

家族

酸酒

杯型

碟形杯

杰克玫瑰
JACK ROSE

- 配方 -

60毫升 卡尔瓦多斯
10毫升 红石榴糖浆
10毫升 单糖浆
25毫升 青柠汁

- 步骤 -

❶ 将所有原料倒入摇酒壶，加冰摇匀。
❷ 滤入碟形杯。

这款杰克玫瑰比较特别，因为它最早用的基酒是很少见的苹果杰克（applejack）。

苹果杰克是美国特有的一种烈酒。早在17世纪，美国人就开始用一种非常原始的方法来酿造苹果杰克：在冬天把发酵苹果汁倒入木桶中，让它们在户外结冰。结冰的是纯水，把冰去掉之后，剩下的就是酒精度更高的烈酒。这种原始的酿酒方法被称为"冰冻杰克（Freeze Jacking）"，苹果杰克因此而得名。

当然，现代的苹果杰克是蒸馏酿造的，所以也可以把它看作是美国苹果白兰地。

杰克玫瑰首次出现在配方书里是在1908年，威廉·布斯比（William Boothby）在《世界酒饮及其调制方法》（The World's Drinks and How to Mix them）修订版中收录了这款酒，配方是一个柠檬榨的汁、一份红石榴糖浆和两份苹果杰克。

不过，杰克玫瑰的发明者是谁尚无定论。一个比较常见的说法是，它是新泽西州泽西城的调酒师弗兰克·J·梅（Frank J. May）发明的。1905年，弗兰克在报纸上登了一则广告，声称自己的外号叫作杰克玫瑰，并且是同名鸡尾酒的发明者。

20世纪早期，杰克玫瑰在美国非常流行。然而，随着禁酒令的到来，美国人不得不停止酿造苹果杰克，杰克玫瑰也就没有人做了。

好在近些年，越来越多前禁酒令时代的鸡尾酒被调酒师发掘出来，杰克玫瑰也重新回到了人们的视线当中。

虽然原始配方用的是苹果杰克，但国内很少能见到，可以用法国苹果白兰地——卡尔瓦多斯代替。但在挑选时一定要小心，不好的卡尔瓦多斯可能会有烂苹果的味道，而且风味单薄。要选好的，风味宽一点。

另外，杰克玫瑰的味道偏甜，要根据客人的口味控制甜度，摇得尽量冰一点，出水量多一点。这款酒摇酒的把控，对业余调酒师来说有点难度。

法国情怀
FRENCH CONNECTION

- 配方 -

45毫升 人头马VSOP优质香槟区干邑

30毫升 杏仁利口酒

- 步骤 -

将所有原料倒入装满冰块的老式杯中搅匀。

　　法国情怀的历史并没有那么长。它是根据1971年美国的一部同名电影而命名的，国内将其翻译成《法国贩毒网》。这部电影很有名，在第44届奥斯卡上包揽了最佳影片、最佳男主角和最佳男配角等奖项，大家有机会可以找来看一看。

　　法国情怀是一款简单的干邑鸡尾酒，能够很好地体现年轻干邑的魅力。至于干邑的具体选择，还是要尊重干邑本身的风味。我前面也讲过，人头马现在的味道和以前是一样的。因此，我选择了人头马 VSOP 来作为基酒。

　　另外就是冰的选择。有的调酒师在做法国情怀时喜欢放一枚大冰块，这款酒还是需要一定程度的稀释的，否则它的味道会太浓，但我选择用小块的冰。

香榭丽舍
CHAMPS-ELYSEES

- 配方 -

40毫升 人头马VSOP优质香槟区干邑
10毫升 黄色查特酒
15毫升 新鲜柠檬汁
3大滴 安高天娜苦精

- 步骤 -

❶ 将所有原料倒入摇酒壶,加冰摇匀。

❷ 滤入鸡尾酒杯。在酒的上方挤一下
柠檬皮,柠檬皮不入杯。

香榭丽舍是收录在 1930 年版《萨伏依鸡尾酒手册》(*The Savoy Cocktail Book*)里的一款酒。

香榭丽舍是巴黎地标之一,它也确实是一款非常具有法国特色的酒。它的原料包括干邑、黄色查特酒、柠檬汁、安高天娜苦精,其中干邑和黄色查特酒都是法国特有的。

查特酒是一种古老的法国利口酒,诞生于 1840 年。它产自法国东南部的一座加尔都西会修道院,修道院名为查特修道院(La Grande Chartreuse),所以它酿造的酒也以查特命名。

查特酒是一种很冷门的原料,用到它的鸡尾酒很少。而且,很多人对绿色和黄色的查特酒分不清。香榭丽舍用的是黄色的,另一款有名的经典鸡尾酒——"最后一语"用的是绿色的。在这里,我来简单地说一下它们的区别。

绿色和黄色两种查特酒都号称以 130 种植物为原料,两者之间主要的不同在于酒度和甜度。绿色查特酒的酒精度更高,有 55 度,而黄色查特酒的酒精度只有 40 度,但它的甜度比绿色查特酒高。

有的香榭丽舍配方会用绿色查特酒,但是酒精度太高,而且最后做出来的酒颜色会有点怪。所以,我还是推荐黄色查特酒。

美梦鸡尾酒
DREAM COCKTAIL

- 配方 -

45毫升 人头马VSOP优质香槟区干邑
25毫升 君度橙酒
5毫升 茴香利口酒

- 步骤 -

❶ 将所有原料倒入摇酒壶，加冰摇匀。
❷ 滤入马天尼杯。

美梦鸡尾酒，可以说是一款比较冷门的经典鸡尾酒了。网上关于它的资料很少，我之所以推荐给大家，是因为它是为数不多的用到了茴香利口酒（Anisette）的经典鸡尾酒。

茴香利口酒在地中海沿岸国家特别流行，比如意大利、西班牙、土耳其、希腊等。它非常适合在餐后饮用，意大利有一种流行的喝法，就是在餐后的浓缩咖啡里加上一滴茴香利口酒。美梦鸡尾酒的配方里有茴香利口酒、有干邑，所以也是一款完美的餐后鸡尾酒。

基酒

干邑 / 伦敦干金酒

家族

无

死而复生1号
CORPSE REVIVER NO.1

（46页图）

- 配方 -

45毫升 人头马VSOP优质香槟区干邑
25毫升 卡尔瓦多斯
25毫升 仙山露红味美思
装饰：**橙皮卷**

- 步骤 -

❶ 将所有原料倒入搅拌杯，加冰搅匀。
❷ 滤入马天尼杯中，以橙皮卷装饰。

杯型

马天尼杯

碟形杯

这款鸡尾酒名字非常霸气——Corpse Riviver，一般翻译成"死而复生"，也有翻译成"僵尸复活"的。

不知道大家有没有这样的经历：头天晚上在酒吧喝多了，第二天醒来感觉浑浑噩噩，就像僵尸一样。那怎么办呢？有人会说："再喝一杯就精神了。"一百多年前的人也是这么想的，所以才会有死而复生这款酒。它一开始就是为了给宿醉的客人提神用的。

死而复生是一款历史很久远的鸡尾酒。早在1861年就有关于它的书面记录了，但是不知道具体的配方是什么。现在我们常用的配方来自1930年出版的《萨伏依鸡尾酒手册》。书里的配方是：

1/4 杯 意大利味美思
1/4 杯 苹果白兰地或卡尔瓦多斯
1/2 杯 白兰地

配方下面还有一句说明："在上午11点前或者任何需要补充精力的时候饮用。"

死而复生2号
CORPSE REVIVER NO.2

(47页图)

- 配方 -

30毫升 孟买蓝宝石金酒

20毫升 仙山露特干味美思

20毫升 君度橙酒

20毫升 新鲜柠檬汁

3大滴 苦艾酒

装饰：柠檬皮卷

- 步骤 -

❶ 将所有原料倒入搅拌杯，加冰搅匀。

❷ 滤入碟形杯，以柠檬皮卷装饰。

在《萨伏依鸡尾酒手册》里，还有另外一个死而复生配方。前面的配方是死而复生1号，下面的配方是死而复生2号：

1/4 杯 柠檬汁

1/4 杯 基纳莉蕾

1/4 杯 君度橙酒

1/4 杯 干金酒

1 大滴 苦艾酒

可以看到，两个配方截然不同。2号配方下面也有一句说明："迅速喝下四杯会让你再次变成僵尸。"

那个时候的人还是很有幽默感的。

东印度
EAST INDIA

- 配方 -

40毫升 人头马VSOP优质香槟区干邑
15毫升 君度橙酒
5毫升 路萨朵经典意大利樱桃力娇酒
40毫升 新鲜菠萝汁
2大滴 安高天娜苦精
装饰: 橙皮卷

- 步骤 -

❶ 将所有原料倒入摇酒壶, 加冰摇匀。

❷ 滤入杯中, 以橙皮卷装饰。

英国历史上有一个很有名的贸易公司, 叫作东印度公司, 大家都听说过吧? 17—18世纪, 它垄断着英国和印度乃至东亚之间的贸易。

东印度这款酒就是根据这家公司的名字而命名的。

哈利·约翰逊 (Harry Johnson) 在1882年出版的《调酒师手册》(*Bartender's Manual*) 里面, 记载了东印度的首个书面配方。它的原料包括白兰地、红橙皮利口酒、菠萝汁、樱桃利口酒和苦精。

你看, 原始配方里用的是红橙皮利口酒, 而不是现在常见的白橙皮或蓝橙皮利口酒。但是, 现在红橙皮利口酒很难买到, 所以可以用白橙皮利口酒代替。

约翰逊还在书里写道:"这款酒是生活在东印度各个地方的英国人的最爱。"

鱼库潘趣
FISH HOUSE PUNCH

- 配方 -

30毫升 人头马VSOP优质香槟区干邑

30毫升 百加得金朗姆酒

30毫升 桃子利口酒

10毫升 单糖浆

15毫升 新鲜柠檬汁

45毫升 放凉的现泡红茶

装饰: 柠檬片和现磨肉豆蔻粉

- 步骤 -

❶ 将所有原料倒入波士顿摇酒壶,加冰摇匀。

❷ 滤入加有冰块的高球杯,以柠檬片和现磨肉豆蔻粉装饰。

鱼库潘趣是一款非常古老的鸡尾酒。据说它早在 1732 年就诞生了——那时,美国都还没有成立。当时,有一群殖民者在今天的费城创办了一个钓鱼俱乐部,地址在斯古吉尔河的河岸。据说鱼库潘趣就诞生在这个俱乐部里。

潘趣本身也是一个古老的鸡尾酒家族,16世纪就已经有关于它的记录了。有人说,潘趣这个词源自印度语里的 "paunch",也就是 "五" 的意思。因为传统上潘趣是用五种原料做成的:烈酒、柑橘类水果、茶、甜味剂和香料。

那么,鱼库潘趣的配方正好符合这个定义。它用的烈酒是白兰地和朗姆酒,柑橘类水果是柠檬汁,茶是红茶,甜味剂是桃子利口酒和单糖浆,香料是肉豆蔻。

潘趣一般都是大分量制作,然后放在潘趣碗里面,用勺子舀到杯里喝的,非常适合聚会。不过,书中的这个配方是单人份的。

牵牛花
MORNING GLORY

- 配方 -

30毫升 人头马VSOP优质香槟区干邑

22毫升 君度橙酒

5毫升 苦艾酒

10毫升 单糖浆

10毫升 新鲜柠檬汁

2大滴 安高天娜苦精

装饰: 橙皮卷

- 步骤 -

❶ 将所有原料倒入摇酒壶,加冰摇匀。

❷ 滤入杯中,以橙皮卷装饰。

牵牛花这款酒出自"经典鸡尾酒圣经"——杰瑞·托马斯在1862年出版的《调酒师指南》。

牵牛花都是早上开的,而这款酒在那个年代是用来缓解宿醉的,所以适合在早晨饮用。不过用现代人的标准来看,它还是比较烈的。如果你在早晨就喝,很可能醉上加醉。

慰我胸怀
BOSOM CARESSER

- 配方 -

60毫升 人头马VSOP优质香槟区干邑

30毫升 君度橙酒

6毫升 红石榴糖浆

1个 蛋黄

装饰：橙皮卷

- 步骤 -

❶ 将所有原料倒入摇酒壶，用手持搅拌器搅拌
至发泡，然后加冰摇匀。

❷ 滤入碟形杯，以橙皮卷装饰。

在经典鸡尾酒的世界里，不是所有的酒都有一个高端的名字。很多酒的名字稀奇古怪，比如猴腺（Monkey Gland）、牛肉茶（Beef Tea）等，但它们都是鸡尾酒历史的一部分。

Bosom Caresser 这个名字也非常大胆。Bosom 是胸的意思，caress 是抚摸的意思，所以大家体会一下它的意思就知道了。

这款酒的配方最早出现在 1895 年出版的《现代美国酒饮》（Modern American Drinks）里。不过，这个版本的配方并不是现在通用的。我们现在通用的配方来自 1930 年出版的《萨伏依鸡尾酒手册》。它的原料包括蛋黄、红石榴糖浆、橙皮利口酒和干邑。

所以，它是一款少见的用到了蛋黄的经典鸡尾酒。整杯酒做出来颜色粉嫩，口感浓郁而甜美，是一款非常好的甜点鸡尾酒，适合在餐后饮用。

奥林匹克
OLYMPIC

- 配方 -

30毫升 人头马VSOP优质香槟区干邑
30毫升 柑曼怡柑橘味干邑力娇酒
30毫升 新鲜橙汁
装饰：橙皮卷

- 步骤 -

❶ 将所有原料倒入摇酒壶，加冰摇匀。

❷ 滤入马天尼杯，以橙皮卷装饰。

巴黎有一家非常著名的百年酒吧——哈利纽约酒吧。大家耳熟能详的经典鸡尾酒边车和血腥玛丽都诞生在那里。

这款奥林匹克虽然不是诞生在那里，但它能流传下来，要感谢酒吧主人——哈利·麦克埃霍恩。他在1927年出版的《酒吧常客与鸡尾酒》(Barflies and Cocktails) 这本书里记录下了奥林匹克的配方，并且注明了作者：巴黎丽兹酒店的弗兰克·迈耶 (Frank Meyer)。

不过，至于这款酒为什么叫奥林匹克，是不是跟1924年的巴黎奥运会有关，书里并没有说明。它的配方非常简单：等份的干邑、橙皮利口酒和橙汁。风味以橙味为主导，很符合奥林匹克在人们心目中充满活力的形象。

孟买鸡尾酒
BOMBAY COCKTAIL

- 配方 -

45毫升 人头马VSOP优质香槟区干邑

22毫升 仙山露红味美思

22毫升 仙山露特干味美思

7.5毫升 君度橙酒

1吧勺 苦艾酒

装饰：柠檬皮卷

- 步骤 -

❶ 将所有原料倒入搅拌杯，加冰搅匀。

❷ 滤入碟形杯，以柠檬皮卷装饰。

　　孟买鸡尾酒是一款用干邑做的鸡尾酒，配方里还用到了苦艾酒。所以，这款酒是带茴香味的，可能不是所有人都能接受。但是，如果是喜欢喝萨泽拉克或死而复生的人，应该会喜欢这款不那么出名的经典款。

　　孟买鸡尾酒的配方被收录在了1930年出版的《萨伏依鸡尾酒手册》里，所以至少有90年的历史了。它是一款风味饱满、复杂的鸡尾酒，值得细细品味。

尼古拉斯
NIKOLASCHKA

- 配方 -

30毫升 人头马VSOP优质香槟区干邑
1茶勺 白糖
1茶勺 咖啡粉
1片 柠檬圈

- 步骤 -

❶ 将白糖和咖啡粉混合在一起。

❷ 将干邑倒入品鉴杯, 在杯口放一片柠檬圈。
将白糖咖啡粉放在柠檬圈上。

尼古拉斯是一款诞生在德国的餐后鸡尾酒, 喝法非常特别。

首先, 把白糖和咖啡粉调配好, 然后在一个白兰地品鉴杯里倒上干邑, 把一片柠檬盖在杯口, 再把白糖咖啡粉放在柠檬上。喝的时候, 先把白糖咖啡粉连同柠檬片放入口中咀嚼, 再把干邑倒入口中, 让不同的风味充分在口中混合。这种味觉感受很奇妙, 值得一试。

GIN

COCKTAILS

第二章

金酒鸡尾酒

干马天尼
DRY MARTINI

- 配方 -

60毫升 添加利伦敦干味金酒
20毫升 仙山露特干味美思
1大滴 橙味苦精
装饰：蓝纹芝士馅橄榄和柠檬皮卷

- 步骤 -

❶ 将所有原料倒入搅拌杯，加冰搅匀。

❷ 倒入冰过的马天尼杯，以蓝纹芝士馅橄榄
和柠檬皮卷装饰。

干马天尼的前身是马提内（Martinez）。

世界上第一本专业调酒书是杰瑞·托马斯在1862年出版的《调酒师指南》，而这本书的1887年版本里收录了五个不同版本的马提内配方。第一个版本用的是荷式金酒，因为当时还没有伦敦干金酒。后来，荷式金酒变成了老汤姆金酒，再后来演变成伦敦干金酒，口味也开始慢慢变化。荷式金酒是一种甜型的酒，后来使用的金酒糖分越来越少，到了最后一个版本——干金酒、甜味美思和橙皮利口酒，它比以前已经少了很多甜味。

再后来，随着人们口味的变化，甜味美思和橙皮利口酒都没有了，发展到最后就非常干。味美思的用量少到什么程度呢？英国前首相丘吉尔是这么说的："我喝马天尼的时候，只要望着房间另一头的味美思就好。"所以，有一款酒叫作丘吉尔马天尼（Churchill Martini）。它的配方就是纯金酒，但在做的时候要看一眼味美思酒瓶。

世界上第一个有据可查的马天尼配方来自1888年出版的一本书——哈里·约翰逊撰写的《新编调酒师手册》。它的原料包括老汤姆金酒、甜味美思、橙皮利口酒、橙味苦精和树胶糖浆。那个时候，马天尼的味道就是甜的。

至于不甜的干马天尼是谁发明的，并没有确切的记载。有一个说法是纽约旎博酒店（The Knickerbocker Hotel）的调酒师马天尼·迪·阿尔玛·迪·塔贾（Martini di Arma di Taggia）在1912年发明的。他用伦敦干金酒和诺里特普拉（Noilly Prat）干味美思为美国大亨洛克菲勒做了一款酒，干马天尼就这样诞生了。

我在教徒弟的时候，很多人都说很难把干马天尼做得很好喝。什么样的马天尼是好喝的？怎样才能把马天尼做得好喝？你问100个调酒师，可能98个都不知道。他们也没有信心说这个干马天尼就一定很好喝。

那么我们怎么去判断马天尼的好喝与否

呢？我们会观察调酒师在制作过程中有没有去设计这款酒。很多古典鸡尾酒都是要从零开始设计的，因为鸡尾酒永远不是一个标准品，它会随着你的客人去改变。像酸酒、茱莉普和柯林斯等，都要根据客人的口味来调整。

马天尼最终就是这样。有人说我要超级干，有人说我要普通的干，有人说我不要太干。100个人就有100个人的口味，你要为100个人去设计不同的马天尼。这也印证了我一直说的：有一个人说你的马天尼做得很好喝，不代表你所有的马天尼都好喝，因为你只迎合了一个人的口味。但如果100个人都说你做得很好喝，那就是真的很好喝，因为你迎合了100个人的口味，为这100个人去设计了他们特定的马天尼。这对调酒师来说是一个难点。

对内行来说，怎么去看一个调酒师会不会做马天尼？我会从设计开始看。调酒师会征询客人的意见：要用什么样的干金酒？要用什么样的味美思？要多干的？金酒和味美思的比例是3：1、11：1还是13：1？这都要做征询。还有就是冰块的放置方法。

有时我们一下就能看出来这个调酒师做出来的马天尼是失败的。为什么？马天尼有几点非常重要。你要用双手去感受，用鼻子去闻，也可以感受它的温度。吧勺会传递给你酒的稠厚度。你的右手要去感觉酒液的阻力。阻力从小慢慢变大，到了最大的时候酒会很稠，你会很吃力。这也就考量了一个调酒师搅拌过程的姿势。有很多姿势是感受不到的，因为它很轻微、很细小。变化是非常轻微的，一瞬间就会溜走。所以，有时我从调酒师的搅拌动作就能判断，他对这杯酒有没有感受。

马天尼最重要的就是三个点：温度、稠厚度、香味。这三个点交叉到一个点的时候，你就要停了——这就是它最好的状态，而整杯酒的风味可以从低温保持到高温。如果保持不住，随着温度变化，酒的味道全部变了，那就是一杯失败的马天尼。我们要的马天尼，是做

出来放了五分钟，它还非常好喝。

那么，真正好喝的马天尼口味是怎样的呢？其实也很有讲究。通常你单喝一口金酒，会觉得酒精味很重，但在喝马天尼的时候，我们要让客人感受不到酒精的味道。他们感受到的是果香。我们有柠檬皮加香的一个过程。单纯的果香味喝进去是没有甜味的，但是随着口腔里温度升高，甜味会慢慢出来——我们叫作"回甘"。

马天尼对调酒界来说是最难做的一杯酒，所以它还有一个名字——鸡尾酒之王。100多年过去了，我们还在喝，包括很多电影里面的人物——比如007都在喝马天尼。因为经典，所以受欢迎。

被称为"马天尼之神"的毛利隆雄曾经告诉我一个故事。一位70多岁的日本调酒师对他说："所有的鸡尾酒我都可以做得很好，唯有一杯到现在没毕业，那就是干马天尼。"你看，这么资深的调酒师前辈都这样说，现在的年轻调酒师还敢轻易说自己做得很好喝吗？

我店里最小的徒弟曾经跟我说："我做马天尼的时候，所有的金酒都把握得不是很理想。"我说："你把握不准的话可以用两款金酒来试试看。"因为一款金酒可以弥补另一款金酒的味道。

她现在的特色就是用两款金酒来做马天尼：添加利和波得仕（Boodles），口味相当好。她有对马天尼的理解，我也有对马天尼的理解，一杯酒可以千变万化。虽然你可以用一款、两款甚至三款金酒来做基酒，但马天尼的框架永远是金酒、味美思和苦精。不可能是味美思很大量，金酒只有一点点，那结构就变了。如果加了利口酒，那就不是马天尼了。

很多调酒师说，马天尼不就是金酒加味美思加苦精吗？这么简单的一个配方，你要做出很多复杂的味道，对调酒师来说是非常难的考验。

干马天尼

DRY MARTINI

内格罗尼
NEGRONI

- 配方 -

45毫升 添加利伦敦干味金酒
30毫升 金巴利苦味利口酒
30毫升 仙山露红味美思
装饰：橙皮卷和橙片

- 步骤 -

❶ 将所有原料倒入装有冰块的杯中，搅拌均匀。
❷ 以橙皮卷和橙片装饰。

1910 年，内格罗尼诞生于佛罗伦萨的贾科萨咖啡馆（Caffe Giacosa）。这家咖啡馆现在还在，但是已经改名了，叫作卡沃利咖啡馆（Cafe Cavalli）。店里面最经典的这款内格罗尼还在，后来又有了四五款改款，用不同的金酒和味美思制作。这家咖啡馆已经很老了，上次我去的时候已经被围起来了，估计要整修好几年。

内格罗尼其实是一个人的名字，全名为卡米洛·内格罗尼（Camillo Negroni）。他是贾科萨咖啡馆的常客，曾经去过英国，比较喜欢金酒，就让咖啡馆里的调酒师在米兰都灵（Milano Torino）这款酒里面加了金酒。

什么是米兰都灵？就是意大利味美思加金巴利。这款酒是在米兰诞生的，比内格罗尼早了将近 50 年，可以说是内格罗尼的前身。我曾经看过很多资料，都说内格罗尼诞生于 19 世纪末期，但是许多年前，我第一次去佛罗伦萨的卡沃利咖啡馆的时候，它的酒单上

写了一段内格罗尼的故事，我才知道它是 1910 年的酒。

内格罗尼的标准配方是一份金酒、一份金巴利、一份甜味美思。后来我把这个配方做了调整，把金酒的量稍微增大了一点。为什么呢？因为古典的甜味美思味道非常重。加上金巴利，这个酒的味道就更重了。我希望有一个酒去冲淡它，所以就加大了金酒的分量，变成了一份半金酒、一份味美思、一份金巴利，然后加上橙片和橙皮。

为什么加橙片呢？其实在意大利，很多酒都会加橙片，包括阿佩罗橙光——它不是加橙皮，而是加橙片。但是我们一直搞不懂：加了橙皮不就有香味了吗，为什么把橙肉加在里面？其实是为了增加一部分甜味，还有就是酒跟橙肉之间的交换。因为切片之后果肉细胞被破坏，橙汁就会释放出来，同时果肉细胞把酒里面的一部分杂质给吸收进去，变成了微量元素的交换，这款酒就变得更柔

和了。

内格罗尼是意大利非常有代表性的一款鸡尾酒。我们可以把鸡尾酒划分成美国鸡尾酒、英国鸡尾酒、法国鸡尾酒和意大利鸡尾酒。鸡尾酒的代表就是它们四个。现在很多人说的所谓"日本鸡尾酒"——这个是不可能的，不可能呈现在鸡尾酒架构里。鸡尾酒最有代表性的是四个国家，这四个国家有很多不一样的地方。

英国偏向于用水果做酒，法国偏向于用利口酒，意大利偏向于用草药和香料，美国就是比较自由的风格。因为美国的禁酒令开始实施之后，调酒师要掩盖酒的味道，不会放很多烈酒在里面，软饮料会放得比较多。所以，随着鸡尾酒的发展，每个国家都有自己的风格和特点。

内格罗尼这款酒，你一看就知道它是意大利的。它用到了意大利的味美思和金巴利，但又很难得地用到了英国的金酒。

内格罗尼为什么好喝？在我们进行改良之后，它的酒精度数升高了，这样保护了很多的风味。而且它的复杂度足够：有水果味、浆果味、草药味、巧克力味……各种各样的味道都在里面，它口感的复杂度在鸡尾酒里面是很难得的。我们很难喝到一款鸡尾酒里面能有这么多味道。

在调酒圈，如果你问别人最爱喝什么，80%的调酒师会说内格罗尼。为什么调酒师出去就点内格罗尼？这证明了这款酒的复杂度是被我们认可的。要是它不复杂、很平淡，谁又会去点它？区别于很多鸡尾酒，它有深度，酒体有厚度，口味比较复杂，水果味非常丰富，橙味非常饱满。如果鸡尾酒的满分是100分，内格罗尼可以打到95分以上。

和干马提尼、血腥玛丽等经典鸡尾酒相比，内格罗尼做起来要更容易一点，手法相对来说不那么复杂。但现在很多调酒师都把它做得很复杂，比如先放在搅拌杯里做一次搅拌，然后再放到老式杯里面，放进冰块。但他们说不出这么做的道理。

我问过他们为什么要先放在搅拌杯里面混合，他们说这样混合得更好一点。那我就问："你们考虑过二次化水的问题吗？"

第一次放在搅拌杯里面搅拌时，已经稀释了差不多30毫升的水，做出来的酒液再倒入老式杯，放进冰块，又第二次化水。为什么不可以在老式杯子里面直接调和呢？

我在很多地方、甚至全世界各地喝这款内格罗尼，很少看到有放在搅拌杯里面做调和的。我曾经在网上看过一个视频，比较现代人调经典鸡尾酒和传统做法之间的区别：两个调酒师做金汤力，一个用老手法，一个用新的手法。用老手法的这个人已经把金汤力喝完了，新的那边还在调。

现在很多新一代调酒师把经典的鸡尾酒故意复杂化，让客人觉得很厉害，但是喝到嘴里，酒的口味已经稀释没了。要知道，做一杯酒不是手法越多越好，而是要回到最初的口感上来。

在调制内格罗尼的时候要注意原料的比重。我是一个非常讲究倒酒次序的人，一定不会先放比重太大的东西，否则我没有自信把它一次性在杯子里混合得很好。一定要先把轻的材料放进去，所谓轻的材料就是酒精度数比较高、糖分含量比较低的，所以先放金酒、再放味美思，最后是金巴利。最重的材料会慢慢下沉，更易于混合。如果先放重的原料，它会沉在下面。有的时候我喝内格罗尼，发现最上面有一层白色，说明金酒是最后才放的，调得不均匀。

现在有些酒吧调内格罗尼也开始用圆冰，我觉得不太可取，因为它必须要化水。圆冰不利于出水，也不利于混合，往往会喝出上下两层的味道，所以我们还是使用中等大小的冰块。

内格罗尼

NEGRONI

阿拉斯加
ALASKA

- 配方 -

60～75毫升 孟买蓝宝石金酒
15毫升 黄色查特酒
1大滴 橙味苦精
装饰：柠檬皮卷

- 步骤 -

❶ 将所有原料倒入调酒杯,加冰搅匀。
❷ 滤入马天尼杯,以柠檬皮卷装饰。

　　阿拉斯加也是一款收录在1930年出版的《萨伏依鸡尾酒手册》里的鸡尾酒,所以它的诞生肯定要早于1930年。不过,至于是谁发明了这款酒,书中并没有提到。

　　阿拉斯加的配方是金酒、黄色查特酒和橙味苦精。它融合了烈度、药草和柑橘特质,是一款非常复杂的鸡尾酒。

最后一语
LAST WORD

- 配方 -

22.5毫升 添加利伦敦干味金酒
22.5毫升 绿色查特酒
22.5毫升 路萨朵经典意大利樱桃力娇酒
22.5毫升 新鲜柠檬汁
装饰：**柠檬皮卷**

- 步骤 -

❶ 将所有原料倒入摇酒壶，加冰摇匀。
❷ 滤入杯中。

最后一语是一款草药味比较重，而且比较烈的酒，喜欢的人会很喜欢，不喜欢的人就是不喜欢。

它诞生于美国的底特律运动俱乐部（Detroit Athletic Club）。根据这家俱乐部的资料，最后一语早在 1916 年就出现在它的酒单上了。所以，尽管大家一般把这款酒归为禁酒令时期的鸡尾酒，但它的诞生实际上要更早一些。

汤姆柯林斯
TOM COLLINS

- 配方 -

40毫升 海曼老汤姆金酒
20毫升 单糖浆
20毫升 新鲜柠檬汁
用来加满的苏打水

- 步骤 -

❶ 将所有原料倒入装有冰块的柯林斯杯,搅拌均匀。

❷ 倒满苏打水,轻轻搅拌一下。

❸ 在酒的上方挤一下柠檬皮。柠檬皮不入杯。

汤姆柯林斯是一款非常古老的鸡尾酒,首个书面记载来自杰瑞·托马斯撰写的1876年版《调酒师指南》。它的前身是一款叫约翰柯林斯的鸡尾酒,而约翰柯林斯至少在1860年就已经出现了,配方是荷式金酒、糖粉、柠檬汁和苏打水。它最早在伦敦流行,后来传到了纽约。

约翰柯林斯是怎么变成汤姆柯林斯的呢?一个常见的说法是1874年纽约人之间流行着一个恶作剧。他们会互相问:"你看到汤姆柯林斯了吗?"这个汤姆柯林斯其实是一个不存在的人。被问的人肯定会回答:"没有。"提问的人就会说:"汤姆柯林斯正在附近的酒吧说你坏话呢。"于是,被问的人很可能会冲到那家酒吧,寻找那个并不存在的汤姆柯林斯。当然,他是找不到汤姆柯林斯的,但是他可以喝到一杯叫柯林斯的酒。据说,正是因为

这个恶作剧,约翰柯林斯才演化成了汤姆柯林斯。

当时正在纽约工作的杰瑞·托马斯肯定也知道这个恶作剧,因此在撰写1876年版《调酒师指南》时,他就收录了一款汤姆柯林斯的配方,原料包括老汤姆金酒、树胶糖浆、柠檬汁和苏打水。

现在,柯林斯已经发展成为一个鸡尾酒家族。它的定义是用基酒、柠檬汁、糖和苏打水调制而成的长饮,并且要装在专门的柯林斯杯里。比如,用荷式金酒做基酒就叫荷兰柯林斯,用加拿大威士忌做基酒叫船长柯林斯,最有趣的是,如今约翰柯林斯的基酒已经变成了伦敦干金酒。

汤姆柯林斯的配方和金菲兹很像,很多人都分不清它们的区别,其实很简单:金菲兹的做法是摇匀,汤姆柯林斯的做法是搅拌。

维斯帕
VESPER

- 配方 -

45毫升 添加利伦敦干味金酒
30毫升 坎特一号伏特加
15毫升 莉蕾白
1大滴 橙味苦精
装饰：柠檬皮卷

- 步骤 -

❶ 将所有原料倒入搅拌杯,加冰搅匀。
❷ 滤入冰过的马天尼杯,以柠檬皮卷装饰。

　　说到维斯帕,就不得不提007。在1953年出版的第一本007小说《皇家赌场》中,邦德向赌场调酒师点了一杯酒,并且把配方告诉了他:"三份哥顿金酒,一份伏特加,半份基纳莉蕾(Kina Lillet)。"后来,邦德遇到了美女特工维斯帕·琳达,决定用她的名字来给这杯酒命名。这正是维斯帕的由来。

　　根据原始配方,维斯帕要用到伏特加、金酒和基纳莉蕾。但是,基纳莉蕾已经停产了,所以现在一般用莉蕾白来代替。摇匀或者搅拌都可以,但我还是建议搅拌,因为这样能保持酒体的醇厚感。摇匀的效果太轻飘了,醇厚感出不来。

　　这款酒也是我们店经常做的。制作时最应该注意的是伏特加和金酒的配比,以前都是做1∶1的,现在伏特加要稍微少一点,金酒要多一点。

　　最后,作为装饰的柠檬皮卷要做一个造型,卷起来放在杯沿上。

拉莫斯金菲兹
RAMOS GIN FIZZ

- 配方 -

45毫升 孟买蓝宝石金酒

20毫升 树胶糖浆

20毫升 新鲜柠檬汁

15毫升 新鲜青柠汁

1个 蛋清

4毫升 重奶油

少许 香草

5毫升 橙花水

少许 苏打水

装饰：现磨橙皮屑

- 步骤 -

❶ 将所有原料倒入摇酒壶，用手持搅拌器打发。

❷ 在摇酒壶中加入冰块，快速摇匀。

❸ 在高球杯中倒入少量苏打水，然后滤入酒液。以现磨橙皮屑装饰。

这几年，有一款经典鸡尾酒在国内酒吧很流行。有一种调侃的说法：如果你恨一个调酒师，那就每次都点这杯酒，喝十杯。是的，这杯酒就是著名的拉莫斯金菲兹。

大家为什么这么讲呢？因为这杯酒有个传说：做它的时候一定要摇十分钟。其实，我本人并不认同这个说法。以前做这杯酒的确很吃力，要摇十分钟，但是在有工具的情况下不建议这么做。现在，我们可以用手持搅拌器，效果甚至比手摇好。在酒池星座，调酒师就是用手持搅拌器来做拉莫斯金菲兹的。

拉莫斯金菲兹是一杯有 100 多年历史的鸡尾酒。1888 年，一个名叫亨利·C·拉莫斯（Henry C. Ramos）的调酒师在美国新奥尔良的一家酒吧里创造了这款酒。据说，他在做它的时候要足足摇上 12 分钟。后来，他还发明了一种特别的方式来做这杯酒：让很多个调酒师站成一排，每个人轮流摇一分钟，保证摇酒的力度。

可能正是因为这个传说，很多调酒师都觉得拉莫斯金菲兹是一杯很难做的酒。但是就像我刚才说的，它可以用搅拌器来操作，这样打出来的奶泡更细腻。而且用搅拌器还有一个好处，就是风味不会被稀释。长时间摇酒反而会稀释风味。

所以，拉莫斯金菲兹不是一个神秘、复杂的酒，大家不要把它想得太难了。

三叶草俱乐部
CLOVER CLUB

- 配方 -

60毫升 孟买蓝宝石金酒
22.5毫升 仙山露特干味美思
30毫升 覆盆子糖浆
30毫升 新鲜柠檬汁
1个 蛋清
装饰：新鲜覆盆子

- 步骤 -

❶ 将所有原料倒入摇酒壶,加冰摇匀。
❷ 滤入鸡尾酒杯,以3颗新鲜覆盆子装饰。

有人说,三叶草俱乐部是美国费城的代表性鸡尾酒,因为那里是它的诞生地。虽然我们并不知道它确切的诞生时间和发明者,但可以肯定的是,它的名字源自19世纪80年代在费城成立的一个叫三叶草的社交俱乐部。

这个俱乐部的成员由费城当地的社会名流组成,包括律师、银行家等。他们经常在费城的斯特拉福德美景酒店（Bellevue-Straford）聚会,享用美食美酒。跟俱乐部同名的三叶草俱乐部就是他们爱喝的酒之一。

慢慢地,这款酒从费城传到了其他大城市的豪华酒店,比如纽约华尔道夫酒店,受到更多上流绅士的青睐。

但是,到了20世纪30年代,三叶草俱乐部逐渐失宠了。1934年,美国《君子》杂志把它称作是"娘娘腔"喝的酒,并且把它列为最糟糕的流行酒饮之一。

其实,这是一种很不公平的说法。我们没有必要去给鸡尾酒指定适合的人群,粉色的三叶草俱乐部也曾经是绅士们的最爱。好在随着经典鸡尾酒在现代的复兴,三叶草俱乐部又受到了应有的尊重。

三叶草俱乐部要用到蛋清,所以在处理时一定要注意卫生问题。

飞行
AVIATION

- 配方 -

40毫升 孟买蓝宝石金酒
20毫升 路萨朵经典意大利樱桃力娇酒
5毫升 紫罗兰利口酒
20毫升 新鲜柠檬汁
装饰：橙皮卷

- 步骤 -

❶ 将所有原料倒入摇酒壶，加冰摇匀。
❷ 滤入马天尼杯，以橙皮卷装饰。

很多经典鸡尾酒都经过长期的演变、改良，才最终定下了现在公认的配方。飞行也不例外：它是一款"身世曲折"的经典鸡尾酒。

飞行最早出现在书里是在 1916 年。当时，雨果·恩斯林撰写的《调饮配方》一书中收录了它的配方：金酒、樱桃利口酒、紫罗兰利口酒和柠檬汁。因为加入了紫罗兰利口酒，整杯酒摇匀后是淡紫色的。

但是，1930 年出版的"鸡尾酒圣经"《萨伏依鸡尾酒手册》也收录了飞行的配方，原料只有三种：干金酒、樱桃利口酒和柠檬汁。这样做出来的飞行就不是淡紫色的了。

为什么紫罗兰利口酒会神秘地消失不见呢？这可能是因为紫罗兰利口酒产自法国，当时在其他国家很少能见到。不管《萨伏依鸡尾酒手册》把它去掉是有意还是无意，反而让飞行流传了下来，因为樱桃利口酒相对来说更容易买到。

新加坡司令
SINGAPORE SLING

- 配方 -

45毫升 添加利伦敦干味金酒

20毫升 希零樱桃利口酒

7毫升 法国廊酒

5毫升 君度橙酒

7.5～8.5毫升 红石榴糖浆

15毫升 新鲜柠檬汁

115毫升 新鲜菠萝汁

1大滴 安高天娜苦精

- 步骤 -

❶ 将所有原料倒入摇酒壶,加冰摇匀。

❷ 滤入新加坡司令杯,加满冰块。

大部分经典鸡尾酒都很简单,但新加坡司令是个例外——它要用到八种不同的原料:金酒、希零樱桃利口酒、橙皮利口酒、法国廊酒、柠檬汁、红石榴糖浆、菠萝汁、安高天娜苦精。

新加坡司令可以说是新加坡最具代表性的鸡尾酒。其实中国调酒师对新加坡司令应该都比较熟悉,因为它可能是唯一一款由华人调酒师发明的著名经典鸡尾酒。这位华人调酒师叫严崇文,来自海南。从19世纪末期开始,他在新加坡莱佛士酒店的长廊酒吧(Long Bar)工作。根据莱佛士酒店的说法,1915年,严崇文在长廊酒吧发明了新加坡司令,大受客人欢迎。

司令其实是一个古老的鸡尾酒家族,定义是烈酒加糖和水。严崇文应该是对经典的金司令(Gin Sling)进行了改编,才创作出新加坡司令。

不过,严崇文的配方到底是怎样的,并没有流传下来。现在莱佛士酒店的官方配方据说是一位客人在纸上记录下来的。这位客人在1936年到访长廊酒吧,很喜欢自己喝到的新加坡司令,就向调酒师问了一下它的配方,然后记在了纸上。

不管这个说法是不是真实的,我个人认为,

按照莱佛士酒店的官方配方做出来的酒还是很好喝的。

日本调酒师协会的新加坡司令配方就很不一样:干金酒、樱桃利口酒、柠檬汁、苏打水,去掉了甜,两个配方相差很大。我一直觉得在日本做的不好喝,一直不推荐给客人。因为那时候我没去过新加坡,客人要喝就做成这样的。

后来,有个美国朋友给我带了一本《波士顿先生的官方调酒师指南》(*Mr. Boston Official Bartender's Guide*),书里面的新加坡司令配方和莱佛士酒店的一样。我做出来发现非常好喝,就延续了这个配方。

不久之后,我去了新加坡,发现莱佛士酒店的新加坡司令味道与我做的非常接近。但是,他们把波士顿先生的配方的甜度和菠萝汁做了调整,很多新加坡人觉得更好喝。

通过这件事,我对《日本调酒师协会鸡尾酒手册》这本书的配方产生了质疑,包括之后要讲的翠竹。这教给我们一个事实:要质疑。不要盲目相信鸡尾酒书,要有判断能力,寻找真正的鸡尾酒配方。

吉布森
GIBSON

- 配方 -

50毫升 添加利伦敦干味金酒
10毫升 仙山露特干味美思
装饰: 鸡尾酒洋葱

- 步骤 -

❶ 将所有原料倒入搅拌杯, 加冰搅匀。
❷ 滤入马天尼杯, 以穿在酒签上的鸡尾酒洋葱装饰。

干马天尼被称为鸡尾酒之王, 也是我本人非常喜爱的一款经典, 而吉布森正是从干马天尼演变而来的。

吉布森的主要原料跟干马天尼一样, 也是金酒和干味美思, 但它的精髓在于特殊的装饰: 一定要用两颗鸡尾酒洋葱。记住, 不是一颗, 也不是三颗——正宗的做法是两颗。

关于吉布森的起源没有准确的说法。有人说, 20 世纪早期, 美国著名插画家查尔斯·达纳·吉布森 (Charles Dana Gibson) 在纽约一家私人俱乐部喝酒, 他让调酒师给他做一杯马天尼, 但是要把装饰换掉。调酒师把橄榄换成了鸡尾酒洋葱, 吉布森就这样诞生了。

和干马天尼一样, 吉布森也可以选干或不干。另外, 吉布森也可以做"脏"(Dirty) 版的。加洋葱汁就是脏吉布森 (Dirty Gibson)。

汉基帕基
HANKY PANKY

- 配方 -

40～45毫升 孟买蓝宝石金酒
35～40毫升 仙山露红味美思
1吧勺 菲奈特·布兰卡
装饰：橙皮

- 步骤 -

❶ 将所有原料倒入搅拌杯，加冰搅匀。
❷ 滤入马天尼杯，以橙皮卷装饰。

汉基帕基是一款很特别的经典鸡尾酒。

特别在哪里呢？首先，它是一位传奇女调酒师发明的。这位女调酒师叫作艾达·科尔曼（Ada Coleman），她从1903年开始在伦敦萨伏依酒店的美利坚酒吧工作。后来，她成为那里的首席调酒师，为很多社会名流调过酒，包括马克吐温和威尔士王子等。

当时，美利坚酒吧有个老客人叫查尔斯·霍特里（Charles Hawtrey），他对酒的品味很高。20世纪20年代初的某一天，他走进酒吧，对艾达说："我很累，给我来杯有劲的酒。"于是，艾达花了好几个小时，想出了一款全新的鸡尾酒。下一次查尔斯再来的时候，她给他做了这杯酒。查尔斯一喝，马上说："这杯酒真够劲（That is the real hanky-panky）！"

Hanky-panky 是一个俚语，意思是"不得体的、有点坏坏的行为"，说明这杯酒绝对有劲。就这样，这杯酒被命名为汉基帕基。

它还有一个特别的地方，就是配方里用到了菲奈特·布兰卡。在古典鸡尾酒里这是非常少见的。虽然菲奈特·布兰卡很受调酒师欢迎，但一般都是喝冰的一口饮，调酒用得不多。

树莓

BRAMBLE

- 配方 -

45毫升 孟买蓝宝石金酒

20毫升 黑莓利口酒

15毫升 树胶糖浆

30毫升 新鲜柠檬汁

装饰：柠檬圈、桑葚

- 步骤 -

❶ 将除了黑莓利口酒之外的所有原料倒入摇酒壶，
加冰摇匀，滤入老式杯。

❷ 在杯中加满碎冰，以柠檬圈和桑葚装饰。

❸ 将黑莓利口酒淋在碎冰上。

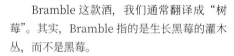

Bramble 这款酒，我们通常翻译成"树莓"。其实，Bramble 指的是生长黑莓的灌木丛，而不是黑莓。

这款酒的创作者迪克·布拉德赛尔（Dick Bradsell）是英国非常有名的传奇调酒师。除了树莓，他还发明了另外一款人气很高的经典鸡尾酒——咖啡马天尼。遗憾的是，2016 年，年仅 56 岁的他因为脑瘤去世。英国的《卫报》在悼念他的文章中写道："他把鸡尾酒变成了一种艺术。"这足见他在英国调酒界的地位。

树莓的配方并不复杂，其实就是在一款金酒酸酒的基础上加入了黑莓利口酒。但是，它的做法非常别出心裁：黑莓利口酒不是直接跟其他原料调和，而是要最后慢慢浇上去，有种"bleeding"（出血）的感觉，视觉效果非常美妙。

所以，这款酒一定要用碎冰（crushed ice），而不是冰块（cracked ice）。而且碎冰一定要扎实一点，才能成功地把这杯酒做出来。

珍宝
BIJOU

- 配方 -

30毫升 孟买蓝宝石金酒
30毫升 仙山露红味美思
30毫升 绿色查特酒

- 步骤 -

❶ 将所有原料倒入搅拌壶,加冰搅匀。
❷ 滤入碟形杯。

家族

无

杯型

碟形杯

　　Bijou 是一个法语单词，意思是珠宝。为什么叫珠宝呢？因为它的原料刚好是三种珠宝的颜色：透明无色的金酒像钻石，红色的甜味美思像红宝石，绿色查特酒像祖母绿。听上去是不是有种珠光宝气的感觉？

　　这款酒的历史较长，诞生于19世纪晚期。它的发明者是著名的美国调酒先驱哈利·约翰逊。他在1900年再版了《新编调酒师手册》，书中收录了珍宝的配方。

　　珍宝有两种喝法。以前是分层的，先放甜味美思，再放绿色查特酒，最后放金酒，是一款古老的一口饮。现在是搅拌或摇匀，做出来是琥珀色的。

粉红金酒
PINK GIN

- 配方 -

90毫升 添加利伦敦干味金酒
6～7大滴 安高天娜苦精

- 步骤 -

❶ 将所有原料倒入搅拌杯，加冰搅匀，滤入马天尼杯。
❷ 在酒的上方挤一下柠檬皮。柠檬皮不入杯。

所谓的粉红金酒，就是金酒加安高天娜苦精，出来的颜色很漂亮，带一点点粉色，所以才会叫作"粉红金酒"。

当然，粉红金酒除了是这款鸡尾酒的名字，还是一种金酒的名字，也就是现在很火的粉红色的金酒，要注意区分一下。

粉红金酒的历史已经非常久远了，它的诞生跟一个英国医生有关。据说在1826年，加勒比海的一条英国海军船上有一位随船外科医生，名字叫亨利·沃克肖普 (Henry Workshop)。他在开曼岛下船游玩的时候买了几瓶安高天娜苦精。

要知道，安高天娜苦精刚被发明出来时，作用并不是调酒，而是治病，如胃部不适和消化不良等。当时，金酒还是英国皇家海军的配给品：常年漂在海上的士兵们喜欢用金酒兑青柠汁或柠檬汁来预防坏血病。于是，亨利回到船上之后，试着把安高天娜苦精和金酒兑在一起，发现味道居然不错，他又让其他船员来喝，结果大受好评。就这样，粉红金酒成为英国皇家海军的最爱。

粉红金酒的配方虽然不复杂，但制作起来还是有诀窍的：一定要长时间搅拌，化水30毫升以上。

英伦玫瑰
ENGLISH ROSE

- 配方 -

45毫升 孟买蓝宝石金酒
15毫升 仙山露特干味美思
15毫升 路萨朵杏味力娇酒
2.5毫升 红石榴糖浆
12毫升 新鲜柠檬汁

- 步骤 -

❶ 将所有原料倒入摇酒壶,加冰摇匀。
❷ 滤入马天尼杯。

　　英伦玫瑰,又是一款名字非常美的经典鸡尾酒。

　　只有那些最著名、最受国民欢迎的英国女性,才能获得这个珍贵的称号,比如永远的英伦玫瑰——戴安娜王妃。

　　作为一款鸡尾酒,英伦玫瑰的奇妙之处在于,所有原料和玫瑰没半点关系,但是做出了玫瑰的味道,所以这也是非常考验调酒师水平的。

　　从原料就可以看出,这款酒的风味十分丰富,而作为整杯酒的主干,金酒的选择自然很重要。你需要选一款优质的伦敦干金酒,为整杯酒的风味打下一个好的基础。不同品牌的杏果利口酒甜度可能也不一样,调酒师在做酒时要适当调整。

布朗克斯

BRONX

- 配方 -

40毫升 孟买蓝宝石金酒

20毫升 仙山露特干味美思

20毫升 仙山露红味美思

20毫升 新鲜橙汁

装饰：路萨朵意大利樱桃和橙皮卷

- 步骤 -

❶ 将所有原料倒入摇酒壶，加冰摇匀。

❷ 滤入碟形杯，以路萨朵意大利樱桃
和橙皮卷装饰。

不知道大家有没有去过纽约或者对纽约比较熟悉？纽约市有五个区，其中四个区都拥有同名经典鸡尾酒。它们是曼哈顿、布鲁克林、皇后区和这一节的主角——布朗克斯。唯一一个没有同名鸡尾酒的区是斯塔顿岛。

布朗克斯是纽约市最北的一个区，大名鼎鼎的棒球队——洋基队的主场就位于这里。很多年前，成龙拍过一部电影叫《红番区》，红番区其实就是香港人对 Bronx 的翻译。

除了洋基队主场，布朗克斯还有一个很有名的景点：1899 年开门迎客、如今被誉为全球十大动物园之一的布朗克斯动物园。据说，布朗克斯这款酒就是根据这个动物园命名的。

20 世纪初，纽约华尔道夫酒店的调酒师约翰尼·索伦（Johnny Solon）发明了一款新的鸡尾酒。同事问这款酒叫什么名字，他联想到经常有客人跟他说，喝醉了之后会看到各种各样奇怪的动物，而他自己几天前刚去过布朗克斯动物园，在里面看到了很多珍奇的动物。于是他回答说："就叫它布朗克斯吧！"

这则轶事被记录在 1935 年出版的《老华尔道夫酒吧手册》（The Old Waldorf-Astoria）这本书里，是有据可查的。当然，就跟其他经典鸡尾酒一样，布朗克斯的起源不止这一个说法，但比较公认的还是说它诞生在纽约华尔道夫酒店。

布朗克斯在 20 世纪三四十年代的美国非常流行。1934 年，美国举办了"世界上最有名的十大鸡尾酒"评选，布朗克斯名列第三，仅排在"鸡尾酒之王"马天尼和"鸡尾酒皇后"曼哈顿之后，人气之高可见一斑。

不过，如今在酒吧里点布朗克斯的人已经不多了。从配方上看，布朗克斯其实就是一杯加了新鲜橙汁的完美马天尼（Perfect Martini），味道是很不错的。既然马天尼和曼哈顿现在还这么流行，我觉得身为调酒师的我们，是有责任去复原布朗克斯昔日荣光的。

金斯肯
GIN SKIN

- 配方 -

60毫升 添加利伦敦干味金酒
10毫升 草莓糖浆
10毫升 树胶糖浆
15毫升 新鲜柠檬汁
装饰: 柠檬皮卷

- 步骤 -

❶ 将所有原料倒入摇酒壶,加冰摇匀。
❷ 滤入碟形杯,以柠檬皮卷装饰。

金斯肯是一款非常冷门的古老鸡尾酒,网上很少能找到它的资料。我能找到的书面配方是在 1887 年的一本书里,叫作《美式和其他冰饮配方》(*Recipes of American and Other Iced Drinks*)。这本书也比较冷门,作者叫查理·保罗(Charlie Paul)。

根据这本书的记载,斯肯(Skin)也是一个鸡尾酒家族。白兰地斯肯是最基本的模本,原料包括白兰地、草莓糖浆、糖粉和柠檬汁。把基酒换掉,就成了威士忌斯肯、金斯肯……在我们店里,酒单上常做的是金斯肯。不过我们是按照日本酒吧的方式来做,用的是红石榴糖浆,不是草莓糖浆。两种糖浆的效果都很不错。

青色珊瑚礁
AOI SANGOSHO

- 配方 -

60毫升 孟买蓝宝石金酒
30毫升 绿薄荷利口酒
装饰：糖圈、鸡尾酒樱桃和薄荷叶

- 步骤 -

❶ 取一个碟形杯，杯沿蘸蓝橙利口酒，然后再蘸半圈糖粉，做成糖圈杯备用。

❷ 将金酒和绿薄荷利口酒倒入摇酒壶，加冰摇匀。

❸ 滤入准备好的酒杯，以鸡尾酒樱桃和薄荷叶装饰。

青色珊瑚礁是一款诞生于日本的经典鸡尾酒。它跟另一款著名的日本经典鸡尾酒雪国一样，也是一位日本调酒师为参加比赛而创作的，并且他们同样获得了冠军。这位调酒师的名字叫作鹿野彦司，来自名古屋。1950年，第二届日本鸡尾酒大赛在东京举办，他凭借这款作品夺得了冠军，而这款酒也在日本流行起来，成为一款现代经典。

其实，中国也举办了很多场大规模的调酒比赛。希望有一天，属于中国调酒师的现代经典能够从里面诞生。

青色珊瑚礁的配方非常简单——金酒加薄荷利口酒。它要用到糖圈装饰，整杯酒的颜色是淡淡的绿色，很有海边度假的感觉。

金意特
GIN & IT

- 配方 -

45毫升 孟买蓝宝石金酒

45毫升 仙山露红味美思

1大滴 橙味苦精

装饰：橙片

- 步骤 -

❶ 将所有原料倒入加有冰块的杯中搅匀。

❷ 以橙片装饰。

很多人看到金意特的英文名字可能会非常好奇。Gin & It——It 是"它"的意思，那这个"它"到底是哪个"它"呢？

其实，这里的 It 是 Italian 的简写。在很多古老的鸡尾酒书里，甜味美思不是写成 vermouth rosso（红味美思），而是 Italian vermouth（意大利味美思），因为甜味美思起源于意大利。所以，Gin & It 的意思其实是 Gin & Italian Vermouth，也就是金酒加甜味美思。

从本质上讲，金意特就是一款甜马天尼（Sweet Martini）。在 19 世纪末期，甜马天尼非常流行。后来，它的名字变成了 Gin & Italian，再后来又简化成了 Gin & It。

配方中金酒和甜味美思的比例也在变化：可能一开始是 4∶1，现在变成了 1∶1。不过就跟干马天尼一样，金意特的比例也可以根据客人的口味来调整。

紫罗兰菲兹
FIZZ A LA VIOLETTE

- 配方 -

45毫升 添加利伦敦干味金酒

8毫升 紫罗兰利口酒

15毫升 树胶糖浆

30毫升 半对半奶油

15毫升 新鲜柠檬汁

1个 蛋清

用来加满的苏打水

- 步骤 -

❶ 将蛋清倒入摇酒听,用手持搅拌器搅打至发泡。

❷ 倒入半对半奶油,搅打至发泡。

❸ 倒入糖浆和柠檬汁,继续搅打至发泡。

❹ 倒入金酒和紫罗兰利口酒,加冰摇匀。

❺ 滤入高球杯,加满苏打水。

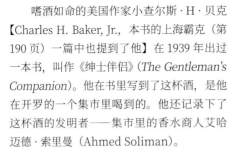

　　嗜酒如命的美国作家小查尔斯·H·贝克【Charles H. Baker, Jr.，本书的上海霸克(第190页)一篇中也提到了他】在 1939 年出过一本书，叫作《绅士伴侣》(The Gentleman's Companion)。他在书里写到了这杯酒，是他在开罗的一个集市里喝到的。他还记录下了这杯酒的发明者——集市里的香水商人艾哈迈德·索里曼（Ahmed Soliman）。

　　Fizz a la Violette 其实是法语，而法语是埃及的通用语言之一，所以开罗的商人给鸡尾酒起一个法语名字并不奇怪。

　　仔细看一下，它的配方跟鼎鼎大名的拉莫斯金菲兹（第 80 页）很像，但是多了紫罗兰的花香。它的做法也跟拉莫斯金菲兹一样，传统上是要先干摇，再加冰摇。但我在介绍拉莫斯金菲兹的时候已经说过了，用手持搅拌器的效果更好，方便快捷。所以，在做这杯酒的时候，我也会用到手持搅拌器。

红狮
RED LION

- 配方 -

40毫升 添加利伦敦干味金酒

20毫升 柑曼怡柑橘味干邑力娇酒

5～6毫升 红石榴糖浆

20毫升 新鲜橙汁

7.5～8毫升 新鲜柠檬汁

1滴 橙味苦精

装饰：糖圈

- 步骤 -

❶ 取一个马天尼杯，用杯沿在刚切开的橙肉上转一圈，沾上橙汁，然后在杯沿均匀蘸半圈糖粉。

❷ 将所有原料倒入摇酒壶，加冰摇匀。

❸ 滤入马天尼杯。以橙皮增香，橙皮不入杯。

这篇的主角叫作红狮，是一款20世纪30年代的经典鸡尾酒。它被收录在1937年出版的《皇家咖啡馆鸡尾酒书》（Cafe Royal Cocktail Book）里面。皇家咖啡馆是伦敦一家酒店的名字。根据这本书的记载，红狮是皇家咖啡馆当时的调酒师主管威廉·詹姆斯·塔林（William James Tarling）为了参加调酒比赛而发明的，而且他还凭借这款酒赢下了比赛冠军。

这款酒的原始配方是：1/3 博士金酒（Booth's Gin）、1/3 柑曼怡、1/6 新鲜橙汁、1/6 新鲜柠檬汁，还要有糖圈装饰。

博士是英国的一个老牌金酒，它的标志就是一只红狮子，所以红狮鸡尾酒的名字应该就是这么来的。

大家可以看到，这个配方其实跟边车非常相似，只是加入了一点橙汁和红石榴糖浆，就成了一杯全新的鸡尾酒。

探戈鸡尾酒
TANGO COCKTAIL

- 配方 -

30毫升 孟买蓝宝石金酒

15毫升 仙山露特干味美思

15毫升 仙山露红味美思

15毫升 君度橙酒

30毫升 新鲜橙汁

装饰：橙皮卷

- 步骤 -

❶ 将所有原料倒入摇酒壶，加冰摇匀。

❷ 滤入碟形杯，以橙皮卷装饰。

　　探戈鸡尾酒和一个我们熟悉的名字有关：哈利·麦克艾霍恩。他是巴黎百年老店哈利纽约酒吧的创始人，发明和记录了很多经典鸡尾酒，是鸡尾酒历史上的一个重要人物。

　　探戈鸡尾酒的配方收录于哈利在1929年出版的《鸡尾酒入门》（*ABC of Cocktails*）中。根据书里的说法，这款酒是另一位叫哈利的调酒师发明的：当时他在巴黎一家叫巴勒莫（Palermo）的酒吧工作。

　　探戈鸡尾酒的配方比较有趣，因为它同时用到了甜味美思和干味美思。这杯酒的口感是非常复杂的。

地震
EARTHQUAKE

- 配方 -

30毫升 添加利伦敦干味金酒
30毫升 泰斯卡10年单一麦芽苏格兰威士忌
30毫升 苦艾酒

- 步骤 -

❶ 将所有原料倒入摇酒壶，加冰摇匀。

❷ 滤入马天尼杯。以柠檬皮增香，柠檬皮不入杯。

地震——一款听上去就很有威力的鸡尾酒。

据说，这款酒的作者是法国后印象派画家亨利·德·图卢兹·罗特列克（Henri de Toulouse-Launtrec）。这位画家1864年出生，只活了27岁，但留下了许多著名作品，特别是以红磨坊的纸醉金迷为主题的一系列画作。有一部很有名的电影《红磨坊》，是妮可·基德曼主演的，里面的男主角就是以这位作家为原型的。

当时法国艺术家都很喜欢喝苦艾酒。而地震的原始配方就是等份的干邑加苦艾酒。

不过，本书中的配方不是这个原始配方，而是经过改良的，来自1930年出版的《萨伏依鸡尾酒手册》，原料是等份的金酒、威士忌和苦艾酒。书里还解释说，这款酒之所以叫这个名字，是因为即使你在喝它的时候发生了地震也没关系。为什么？因为它太好喝了。

亚历山大的姐妹
ALEXANDER'S SISTER

- 配方 -

30毫升 添加利伦敦干味金酒
30毫升 薄荷利口酒
30毫升 半对半奶油
装饰：现磨肉豆蔻粉

- 步骤 -

❶ 将所有原料倒入摇酒壶，加冰摇匀。
❷ 滤入碟形杯，以现磨肉豆蔻粉装饰。

　　从名字就可以看出，亚历山大的姐妹这款酒是亚历山大的"亲戚"。

　　其实，从经典的亚历山大配方已经衍生出了很多个变种。最早的亚历山大是用金酒做的，再加上可可利口酒、重奶油和蛋清。但是，现在最常见的亚历山大，基酒是干邑。

　　这款亚历山大的姐妹，基酒是金酒，利口酒则换成了薄荷利口酒。所以，它的口感中增添了薄荷味，既浓郁又清新。

　　通过改变基酒和利口酒，产生了一大批亚历山大的"亲戚"，而亚历山大的姐妹只是其中之一。把基酒换成白兰地，就是现在流行的白兰地亚历山大。如果把基酒换成伏特加，就是亚历山大大帝。把利口酒换成橙皮利口酒和蓝橙皮利口酒，就是亚历山大之兄。

　　所以大家可以看出，对经典的这种改编是非常有意思的。

金汤力
GIN & TONIC

- 配方 -

45毫升 添加利伦敦干味金酒
用来加满的汤力水
1个 青柠角

- 步骤 -

❶ 将一个青柠角的汁挤入装有冰块的高球杯中。
❷ 倒入金酒,然后加满汤力水,轻轻搅拌一下。

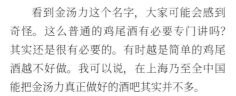

看到金汤力这个名字，大家可能会感到奇怪。这么普通的鸡尾酒有必要专门讲吗？其实还是很有必要的。有时越是简单的鸡尾酒越不好做。我可以说，在上海乃至全中国能把金汤力真正做好的酒吧其实并不多。

金汤力的历史已经非常长了，19世纪初，驻扎在印度的英国军队饱受疟疾的折磨。从金鸡纳树皮里面提取的奎宁能够治疗疟疾，但是味道极苦。于是，英国人就把金酒加入奎宁做成的汤力水里面，让它的味道更容易入口。这就是金汤力的起源。

金汤力实际上是一款高球鸡尾酒。它的原料只有两种，看起来很简单，但要把它做得好喝还是有一些诀窍的。

橙花
ORANGE BLOSSOM

- 配方 -

30毫升 添加利伦敦干味金酒
15毫升 君度橙酒
5毫升 红石榴糖浆
10毫升 新鲜青柠汁
30毫升 新鲜橙汁
装饰：橙皮卷

- 步骤 -

❶ 将所有原料倒入摇酒壶,加冰摇匀。
❷ 滤入杯中,以橙皮卷装饰。

橙花,非常浪漫的名字。

这款酒在 20 世纪二三十年代非常流行。1935 年出版的《老华尔道夫酒吧手册》里记录了它的配方,只不过当时用的是老汤姆金酒,但现在通行的配方是伦敦干金酒。

关于橙花还有一个小故事。美国著名作家菲兹杰拉德大家都知道吧, 就是写《了不起的盖茨比》的那一位。他的太太叫泽尔达,也非常有名。泽尔达很爱喝酒。1922 年的某一天, 人们发现她带着酒壶在一个高尔夫球场里游荡, 嘴里喃喃自语, 而她的酒壶里装的正是橙花。这在某种程度上说明了它在那个年代的流行。

WHISKY

COCKTAILS

第三章

威士忌鸡尾酒

老式鸡尾酒
OLD FASHIONED

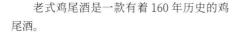

- 配方 -

65毫升 酩帝诗US★1黑麦威士忌
1块 方糖
适量 安高天娜苦精
1片 橙皮
装饰 **橙皮卷**

- 步骤 -

❶ 取一块方糖，将安高天娜苦精滴在方糖上，直到方糖沾满了苦精。

❷ 将方糖和一片橙皮放入杯中，用捣棒轻轻碾压。

❸ 倒入20毫升黑麦威士忌，用吧勺搅拌至糖化开。

❹ 加入冰块，倒入45毫升黑麦威士忌充分搅拌。

❺ 以橙皮卷装饰。

老式鸡尾酒是一款有着160年历史的鸡尾酒。

你知道吗？最早的书面"鸡尾酒"定义早在1805年就出现了。烈酒、苦精、糖、水、橘类皮油——这是对鸡尾酒配方最早的定义，而和这个定义最相似的一款鸡尾酒就是老式鸡尾酒。

我对老式鸡尾酒的重塑已经很久了——有十六七年了。

最早我是在日本学的老式鸡尾酒。我的老师在日本调这杯酒的时候，方法非常简单：

放一块方糖，倒一点威士忌，然后用一个青柠片、一个柠檬片，穿一个加色素的酒渍樱桃，放在上面，就是老式鸡尾酒。

我们不能说日本所有酒的做法都是对的，但当时我们就是这样学的。回国了我还觉得这样是对的。后来我看了很多书对老式鸡尾酒的描写，开始觉得这样并不太对。

我记得十几年前上海有位酒类品牌的品牌大使叫迪恩。他跟我交流过老式鸡尾酒这款酒。他拿出了他的论点，我试了他做的酒以后觉得非常不错。于是我就查了很多资料，才知道老式鸡尾酒原来是这么做的。

我们最早在研究这款酒的时候发现，安高天娜加方糖，用威士忌来溶化就可以了。但我想要增加酒的果香味，我们当时就采用了一个方法：用橙皮跟白糖一起捣压，用捣压的方式把皮油融入沾了苦酒的方糖。

但是皮油有一个功能：任何的皮油都会溶于高于40度的酒精。也就是说，这个精油完全和酒融为一体。然后你再放冰块和酒去搅拌，就会发觉酒会变得混浊。为什么？酒精度已经低于 40 度，精油开始慢慢固化，这是正常的。

先让皮油和酒融为一体，然后再用橙皮去加香，酒体里面会含有大量的橙味，所以你会觉得这款酒好喝。我们以前喝这个酒的时候就感觉，这个酒是分开的：一开始喝的是威士忌，喝到后面越喝越甜，最后变成了糖水。但按我们的做法就不会。所以回过头来说，你还是要去研究它，并不是说我的师父这么做，我就这么做。

我一直在讲，鸡尾酒不是一个标准版，它随时随地都会变化。比方说，有个客人说，老式鸡尾酒有点甜，那我们可以去掉一些糖；有的人希望甜一点，那我们就多加一点糖；有的客人说太烈，我们可以用苏打水去溶化糖；有的人要烈一点的，我们可以用威士忌去溶化糖，不用加水。所以它会产生很多变化。

再回到老式鸡尾酒的选材。对任何一款鸡尾酒而言，我们从一开始就要考量如何去选材。从选材可以看出一个调酒师对这款鸡尾酒的理解。我看到有的调酒师在做老式鸡尾酒的时候，最后放的橙皮都已经干掉了，也就做个动作而已。每个细节对最后的成品都有着重要的作用，所以选材一定要新鲜。

选材，不只考量调酒师对酒的理解，还考量对这杯酒的责任心。

有的人在做老式鸡尾酒的时候会用棕糖——棕糖的味道非常重。有人甚至为了省事用糖浆，这样味道是出不来的，因为糖浆没有一个跟橙皮摩擦的过程。有的人做一杯老式鸡尾酒，放半罐苏打水在里面，很多酒的味道就会流失。现在流行大冰块，很多老式鸡尾酒里面放了非常大的冰块，但这款酒是需要化水的。放一块大的冰块进去，它不会化水，这款酒就被做死了。明明是款有活力的酒，却被调酒师做死了——这种莫名其妙的做法实在是太多了。

一杯好的老式鸡尾酒要有很浓的水果味，也要有威士忌的味道，也要有苦精的味道。苦精起什么作用呢？增加这款酒的复杂度。最后加入橙皮增香。要想做好它，其实一点都不容易。

老式鸡尾酒

OLD FASHIONED

蓝色火焰
BLUE BLAZER

- 配方 -

120毫升 尊尼获加黑牌苏格兰威士忌

120毫升 热水

2吧勺 白砂糖

4～5大滴 安高天娜苦精

肉桂棒和柠檬皮

- 步骤 -

❶ 用热水温热威士忌和两个金属杯(拉制工具)。

❷ 在一个杯中倒入白砂糖和热水,在另一杯中倒入威士忌。

❸ 点燃威士忌,来回拉制,直至火焰熄灭、酒精气体挥发。

❹ 将酒液倒入玻璃杯,加适量热水稀释。

❺ 放入装饰,最后加苦精。

说到蓝色火焰,你的脑海中可能会浮现出美国"鸡尾酒之父"杰瑞·托马斯最有名的一幅画像:他的右手高举着一个杯子,正在将杯中燃烧的酒液倒入左手拿着的另一个杯子。这幅画中,他做的正是蓝色火焰。

在19世纪中叶的加利福尼亚淘金热时期,杰瑞·托马斯在旧金山埃尔多拉多(El Dorado)酒店工作。正是在那里,他发明了历史上最著名的燃烧鸡尾酒——蓝色火焰。

他为什么会去做这款酒?因为当时旧金山的工人非常多。为了确保他们在冬天可以喝到热的酒,他才创作了蓝色火焰。可以说,它一开始是劳工阶层喝的一款鸡尾酒。

蓝色火焰用的是威士忌、相同分量的热水、砂糖、苦精、肉桂和柠檬皮。一听到肉桂,就有种温暖的感觉,它很适合冬天。

1862年,杰瑞·托马斯出版了至今仍被全球调酒师奉为殿堂级经典书籍的《调酒师指南》,里面收录了大量鸡尾酒文化萌芽时期流传的配方和他本人创作的配方,包括这款蓝色火焰。在书中,杰瑞·托马斯写道:"如果制作得当,这杯酒看上去就像是一条源源不绝的液体火焰。"

传说,美国第18任总统格兰特在看过杰瑞·托马斯做这款酒之后大为惊艳,马上从自己的口袋里掏出一根雪茄送给了他。

调酒师在做蓝色火焰时会有各种各样的状况出现。为什么?因为所有的东西都要是温热的。第一,威士忌必须是要温的,便于它的酒精挥发出来;第二,要用热水;第三,工具也要是温的。然后,你才可以把这杯酒拉制成功。

这款酒在制作过程中会产生蓝色的火焰，非常具有观赏性。这也说明，它燃烧的火焰温度并不是很高。如果温度很高，火焰就不是蓝色的了，而是红色的。不过，制作过程还是有一定危险性的。如果没有练习过，不要轻易去模仿。

另外，我还看到过很多调酒师在做的时候还没有拉成型，就已经开始灭火了。一旦灭火之后，喝这个酒就会很不舒服，因为热气里面的酒精气体还在——我们叫作蒸汽酒精，喝的时候会呛到。所以，调酒师一定要把它拉到火熄灭为止。热气里面含有的酒精越少越好，这样客人才不会呛到。

加入肉桂和苦精能给酒增香。一杯理想的蓝色火焰，你闻不到酒精的味道，只能闻到威士忌、肉桂、苦精和柠檬皮的香味。

做蓝色火焰的威士忌无须很贵，但最好用苏格兰威士忌，因为它的风味比较清淡，不会掩盖肉桂和水果的香气。而且，这款酒的威士忌用量很大——足足有 4 盎司（约 120 克）。如果用贵的威士忌，价格就会很高，客人会承受不起。我曾经给一位客人做过一杯蓝色火焰，他指定要用乐加维林，最后酒的价格是 600 元。所以，尽量选价格便宜一点的威士忌。

杰瑞·托马斯做蓝色火焰用的是银质饮水杯。我看过他用的原始杯子，非常漂亮，杯沿往外翻口。我也建议拉制工具的杯口要大一点，不要让温度集中在杯口，否则会比较危险。

至于载杯，一定要用带把的玻璃杯，因为这杯酒是热饮，以免烫到客人。在做这杯酒之前，要用清水进行大量的练习。拉制（rolling）这个技术，不是所有人都能掌握得很好的。我看很多调酒师拉的幅度不够大，而我们要求杯子一定要拉到过头顶这个位置。这就需要练习了。如果不熟悉或者是没有练习过这款酒，我建议不要轻易去做。

蓝色火焰

BLUE BLAZER

威士忌酸酒
WHISKEY SOUR

- 配方 -

60毫升 酩帝诗US★1波本威士忌
30毫升 单糖浆
30毫升 新鲜柠檬汁

- 步骤 -

❶ 将所有原料倒入摇酒壶,加冰摇匀。
❷ 滤入酸酒杯。

在酸酒这个鸡尾酒家族里面,威士忌酸酒应该是最早的成员。后来,它不断演变,出现了各种不同的版本。所谓酸酒,就是用基酒、甜味剂和柑橘类果汁做成的酒。

早在1862年,杰瑞·托马斯撰写的《调酒师指南》中就收录了一款威士忌酸酒配方,原料是一茶勺白糖粉,用少许气泡水溶化,加上半只柠檬的汁和一葡萄酒杯的波本或黑麦威士忌。你看,它最早的书面配方是不加蛋清的。

到现在,还有人在做加蛋清的版本,但我们店已经开始告别蛋清了,因为对生鸡蛋的安全性还是要有一定的考量。

一开始为什么要加蛋清?为了发泡,让酒的味道更柔和。但现在威士忌的质量已经远远超过了以前,所以不需要去掩饰它的味道了。现在我们不加蛋清,也可以通过快速摇酒做出发泡的效果。

这款酒,我们还是用2:1:1的经典配方。两份波本威士忌、一份糖浆、一份柠檬汁。因为不用蛋清了,所以也不用放在老式杯里面。我们有专门的酸酒杯子,有点像大口的红酒杯。

在国外,很多人对酸酒的理解不一样。8:3:4这样的配方也有,但这样的话太尖酸了一点,所以我们还是用2:1:1的黄金比例。

以前,酸酒还有一个标准的装饰,用柠檬夹住一颗樱桃穿起来,但现在这样的装饰不受欢迎了。因为它用的樱桃是加了色素的糖渍樱桃,现在不流行了。现在常见的装饰就像做咖啡那样,用苦精在泡沫上面画出图案,增加香气。

纽约酸酒
NEW YORK SOUR

- 配方 -

60毫升 酪帝诗US★1波本威士忌

30毫升 单糖浆

30毫升 新鲜柠檬汁

红酒漂浮

- 步骤 -

❶ 将所有原料倒入摇酒壶，加冰摇匀。

❷ 滤入加有冰块的老式杯，加一层红酒漂浮。

纽约酸酒其实就是在威士忌酸酒上面加一层红酒漂浮，客人可以在喝的时候自己把它搅匀。

我第一次听说这款酒，是一个外国人教我这么做的。他说："你试试看，蛮好喝的。"我做了之后发现的确挺好喝的，因为红酒为整杯酒增加了更多风味。至于红酒的选择，

普通干红就可以了。

虽然名字叫纽约酸酒，但这款酒其实诞生在芝加哥。据说当地一名调酒师在 19 世纪 80 年代发明了它，最早叫大陆酸酒（Continental Sour）。那为什么名字会变成纽约酸酒呢？因为后来有个调酒师把它引入了纽约曼哈顿，并且让它变得非常流行。

曼哈顿
MANHATTAN

- 配方 -

50毫升 酩帝诗US★1黑麦威士忌
40毫升 仙山露红味美思
1大滴 安高天娜苦精
装饰：路萨朵意大利樱桃和柠檬皮卷

- 步骤 -

❶ 将所有原料倒入搅拌杯,加冰搅匀。
❷ 滤入马天尼杯,以酒渍樱桃和柠檬皮卷装饰。

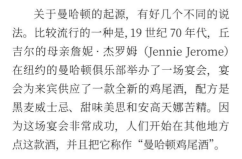

关于曼哈顿的起源，有好几个不同的说法。比较流行的一种是,19 世纪 70 年代，丘吉尔的母亲詹妮·杰罗姆（Jennie Jerome）在纽约的曼哈顿俱乐部举办了一场宴会，宴会为来宾供应了一款全新的鸡尾酒，配方是黑麦威士忌、甜味美思和安高天娜苦精。因为这场宴会非常成功，人们开始在其他地点这款酒，并且把它称作"曼哈顿鸡尾酒"。

对曼哈顿来说，黑麦威士忌和甜味美思的比例很重要。很多人以为它的比例和马天尼一样，其实不是。我们要突出甜味美思的

味道。黑麦威士忌虽然是主角，但只起到增加风味的作用。所以，我们不会把它做到很烈——甜味美思和黑麦威士忌的用量差不多，才会让整杯酒的口感变得很丰富。

在我的理解里，曼哈顿是一款女性化的酒，所以人们会叫它"鸡尾酒皇后"。在口感上，它应该不是一款很烈的酒，而应该很厚重。按照我的理解做下来之后，它的味道的确比以前好了很多。

曼哈顿要用鸡尾酒樱桃来装饰，加上柠檬皮卷增加香气。

薄荷茱莉普
MINT JULEP

- 配方 -

45毫升 威凤凰波本威士忌
20毫升 单糖浆
9～10片 薄荷叶
用来加满的苏打水
装饰：薄荷叶

- 步骤 -

❶ 将薄荷叶放入茱莉普杯，用捣棒轻轻碾碎。

❷ 将茱莉普杯放入冰桶，在冰桶中填满碎冰，然后在杯中放满碎冰。

❸ 将波本威士忌和单糖浆倒入杯中，搅拌均匀。

❹ 在杯中加满苏打水，再次搅拌。

❺ 在杯中填满碎冰，以薄荷叶装饰。

❻ 将茱莉普杯从冰桶中取出，在杯中放入一把茱莉普滤勺，饮用起来更方便。

薄荷茱莉普是一杯拥有两百多年历史的鸡尾酒，直到现在都很受欢迎，这充分说明了经典鸡尾酒的生命力。

薄荷茱莉普诞生在美国南部的弗吉尼亚州，配方是波本威士忌、糖浆、新鲜薄荷和少许苏打水，是一款代表性的美国鸡尾酒。茱莉普本来的意思是一种加了糖的饮料，和药一起服用，让药更容易入口。早在1784年，医生就开始让病人喝薄荷茱莉普，缓解胃痛、吞咽困难等症状。

最早弗吉尼亚人喝的薄荷茱莉普是用干邑或朗姆酒调制的，富有的上层阶级还特别喜欢在早餐时用银高脚杯来喝。但是，干邑和朗姆酒在当时是奢侈品，普通人负担不起，

于是，他们就用本地产的波本威士忌来代替。就这样，波本威士忌逐渐成为薄荷茱莉普的"标配"。

薄荷茱莉普还有一个广为人知的身份：从1938年起，它就是肯塔基赛马会的官方指定鸡尾酒。肯塔基赛马会在每年五月的第一个周末举办，根据官方资料，每届赛马会售出的薄荷茱莉普高达12万杯！

薄荷茱莉普要用大量碎冰来做，是一款清凉解暑的鸡尾酒。它有自己专属的载杯，金属材质的，叫茱莉普杯。在制作薄荷茱莉普时，我会将大量冰块粘在酒杯外壁上，形成钻石般的晶莹装饰。这种做法是我多年前在日本酒吧里学到的，能够让酒的温度更低。

浪子
BOULEVARDIER

- 配方 -

30毫升 威凤凰波本威士忌
30毫升 仙山露红味美思
30毫升 金巴利苦味利口酒
装饰：橙片和橙皮卷

- 步骤 -

❶ 将所有原料倒入装满冰块的杯中搅匀。
❷ 以橙片和橙皮卷装饰。

浪子可以说是内格罗尼的亲戚。

为什么这么说呢？因为它的配方和内格罗尼太像了！内格罗尼的配方是等份金酒、甜味美思和金巴利，浪子的配方是等份波本威士忌、甜味美思和金巴利。你看，它只是用波本威士忌代替了金酒，所以有些人会把浪子叫作"威士忌内格罗尼"。

浪子的发明者是有明确记载的。大家可以注意一下，本书里有一家酒吧的出现率很高——哈利纽约酒吧，因为很多经典鸡尾酒都诞生于这家酒吧，比如血腥玛丽、白色佳人等。浪子也和这家酒吧有着很深的渊源：

它的发明者是酒吧里的一位常客——厄斯金·格温（Erskine Gwynne）。

20世纪20年代，厄斯金在巴黎经营着一份杂志，名字就叫《Boulevardier》。Boulevard是林荫大道的意思，Boulevardier就是指那些经常出没于巴黎街头时髦场所的人。而他发明的鸡尾酒也顺理成章地被命名为Boulevardier。

1927年，哈利纽约酒吧的老板哈利·麦克艾霍恩出版了一本书，叫作《酒吧客与鸡尾酒》。书里收录了浪子这款酒，而这也是关于它的首个书面记载。

老朋友
OLD PAL

- 配方 -

30毫升 酪帝诗US★1黑麦威士忌
30毫升 仙山露特干味美思
30毫升 金巴利苦味利口酒
装饰：橙皮卷

- 步骤 -

❶ 将所有原料倒入搅拌杯，加冰搅匀。
❷ 滤入杯中，以橙皮卷装饰。

跟浪子一样，老朋友同样是一款和内格罗尼很接近的经典鸡尾酒。它的配方是等份的黑麦威士忌、干味美思和金巴利。

这三款酒的配方都是烈酒加味美思和金巴利，唯一不变的原料就是金巴利，这说明金巴利是一种很百搭的原料。

和浪子一样，关于老朋友的首个书面记载也是出自1927年版的《酒吧客与鸡尾酒》。而且它也是哈利纽约酒吧的一位常客发明的。

这位常客的名字叫作威廉·罗宾逊（William Robinson），他是《纽约先驱报》驻巴黎的体育编辑。威廉有个习惯：不管是熟人还是刚见面的陌生人，他总喜欢叫他们"old pal"，也就是老朋友的意思。所以，他

发明的这款鸡尾酒就顺理成章地被命名为"老朋友"。

浪子和老朋友的配方和发明者能够有据可查，多亏了它们的记录者——哈利·麦克艾霍恩。太多经典鸡尾酒的出处都已经找不到了，就是因为没有确切的书面记载。这也是为什么我一直提倡调酒师要多做记录，把自己的原创配方写下来，而不是今天你想了一个配方，明天就忘了。

老朋友的做法和内格罗尼一样，都是搅拌。你可以根据客人的口味来调整干味美思的用量。载杯我一般会用碟形杯。最后的橙皮卷是不入杯的。

罗布罗伊

ROB ROY

- 配方 -

60毫升 苏格登12年单一麦芽苏格兰威士忌

30毫升 仙山露红味美思

2大滴 安高天娜苦精

装饰：鸡尾酒樱桃

- 步骤 -

❶ 将所有原料倒入搅拌杯，加冰搅匀，滤入马天尼杯。

❷ 将鸡尾酒樱桃放入杯中。以柠檬皮增香，柠檬皮不入杯。

罗布罗伊和之前介绍过的"鸡尾酒皇后"——曼哈顿非常相似。它的配方是苏格兰威士忌、甜味美思和安高天娜苦精。

罗布罗伊其实是一个真实的人，他的本名叫作罗伯特·麦克格雷格（Robert MacGregor），1671年在苏格兰斯特灵郡出生。他有着一头红发，所以自称为罗布罗伊——在盖尔语中的意思是"红色罗布"。

罗布罗伊是一个罗宾汉式的人物，经常打劫贵族和富人。1818年，苏格兰著名作家沃尔特·斯考特（Walter Scott）出版了小说《罗布罗伊》，让这个名字在英国变得家喻户晓。1995年还上映了电影《罗布罗伊》，如果感兴趣可以去看看。现在，苏格兰斯特灵城外还有罗布罗伊的雕像。

那么，罗布罗伊又是怎样变成一款鸡尾酒的呢？那是在1894年，一部名为《罗布罗伊》的戏剧在百老汇上演。开幕当晚，纽约华尔道夫酒店特意创作了一款同名鸡尾酒，用来庆祝演出成功。

罗布罗伊是苏格兰人，所以这款同名鸡尾酒自然用的是苏格兰威士忌。苏格兰威士忌分很多种，要根据客人的选择而定。要喝烟熏味可以选烟熏味威士忌；甜的可以选雪莉桶威士忌，比如苏格登12年——它用的是PX雪莉桶和波本桶，入口圆润，富含果香甜气；中和一下可以选尊尼获加黑牌。

和曼哈顿一样，罗布罗伊也是用鸡尾酒樱桃来装饰，用之前要用苏打水清洗一下。

威士忌高球
WHISKY HIGHBALL

- 配方 -

45毫升 泰斯卡10年单一麦芽苏格兰威士忌
用来加满的苏打水
装饰：**柠檬皮卷**

- 步骤 -

❶ 将威士忌倒入加有冰块的高球杯，
然后加满苏打水，稍微搅拌一下。

❷ 以柠檬皮卷装饰。

所谓的高球（Highball）是一个非常大的鸡尾酒分类，只要是烈酒加软饮就可以被叫作高球。拿威士忌高球来说，就是威士忌加苏打水。所有威士忌都可以用，像英国的苏格兰威士忌、美国的波本威士忌、日本的角瓶。所以，我们在为客人调制高球的时候，可以先问一下他们喜欢哪种威士忌。

关于高球的起源说法不一，我熟悉的一个说法是这样的：1894 年，有位英国演员到美国百老汇演出，他喜欢喝威士忌加苏打水，就把这种喝法带到了美国。

当然，高球的发扬光大是在日本。高球在日文里叫ハイボール，早在 20 世纪 50 年代就在日本流行开来，特别受到商人们的青睐。但是，随着酒的选择越来越多，日本人的口味也慢慢发生了变化，高球一度不再流行。

直到 20 世纪初，三得利公司开始大力推广用角瓶做的高球，让它重新火爆起来。在日本的做法是，角瓶是冰的，苏打水也是冰的。我个人觉得，高球是最好做的酒，日本居酒屋里做得最多，还有在低档烧肉店里，一般人在家也可以做。

有些调酒师对高球和水割之间的区别不是很清楚。水割是加水，烈酒和水的比例是 1 ：2.5。现在国内很流行的"起霜"水割是我的发明。当初我回国之后，发现水割越喝越淡，冰很难融合。所以，我在制作水割的时候延长了搅拌的时间，直到杯壁起霜。这样能让酒保持一致的风格，因为杯子里大部分的水来自冰块搅拌时融化的水。

制作高球时，酒和冰块接触的时间也要长一点，让酒液温度降下来，否则冰保持不住。高球有专门的载杯，就叫高球杯。至于装饰，用得最多的是柠檬皮卷。

血与沙
BLOOD AND SAND

- 配方 -

30毫升 尊尼获加15年雪莉苏格兰威士忌
30毫升 仙山露红味美思
30毫升 路萨朵红樱桃力娇酒
30毫升 新鲜橙汁
装饰：橙皮卷

- 步骤 -

❶ 将所有原料倒入摇酒壶，加冰摇匀。
❷ 以橙皮卷装饰。

血与沙，一款听上去就很有意境的酒。

它的创作灵感据说来自1922年上映的同名好莱坞电影，中文翻译成《碧血黄沙》。这部电影讲了一个西班牙斗牛士的曲折人生。在结尾的时候，他在斗牛场上受伤死去，血染黄沙——所以才会叫血与沙。

作为一款鸡尾酒，血与沙首次出现在书里是在1930年出版的《萨伏依鸡尾酒手册》。配方是等份的苏格兰威士忌、樱桃利口酒、甜味美思和橙汁。其中红色的樱桃利口酒代表着血，黄色的橙汁代表着沙。

要做好血与沙，选材很重要。威士忌我会选择有木头和烟熏味的，因为很适合搭配樱桃味。樱桃利口酒的选择比较少，很多调酒师不敢放足量，因为它有咳嗽药水的味道，甜味美思的选择就很多了。橙汁，当然是鲜榨的。最后要用橙皮增香。

其实，用苏格兰威士忌做基酒的经典鸡尾酒并不常见。之前写过的罗布罗伊就是其中之一，而这款血与沙也值得大家学习。

百万金元
MILLIONAIRE

- 配方 -

30毫升 酩帝诗US★1黑麦威士忌
15毫升 柑曼怡柑橘味干邑力娇酒
1吧勺 红石榴糖浆
1个 蛋清
装饰: 橙片

- 步骤 -

❶ 将蛋清放入摇酒壶, 不加冰摇一遍。
❷ 倒入其他原料, 加冰摇匀。
❸ 滤入碟形杯, 以1/4个橙片装饰。

这款鸡尾酒的寓意非常好: 百万金元, 淘金人的梦想。

可能正是因为名字豪气, 历史上有很多款不同的鸡尾酒都叫百万金元。我在这里教给大家的应该是其中历史最悠久的一款。早在1925年, 伦敦丽兹酒店就已经有这款酒了。在1927年出版的《酒吧常客与鸡尾酒》一书中, 哈利·麦克艾霍恩记录了百万金元的配方。它的原料包括黑麦威士忌、柑曼怡、红石榴糖浆和蛋清。

黑麦威士忌的味道比较辛辣, 柑曼怡的风味比较厚重, 跟黑麦威士忌很搭。总体而言, 这是一款甜美、令人愉悦的鸡尾酒。或许, 这就是百万金元的味道吧!

法兰西95
FRENCH 95

- 配方 -

45毫升 威凤凰波本威士忌
20毫升 单糖浆
30毫升 新鲜柠檬汁
用来加满的仙山露普赛寇优质干起泡酒

- 步骤 -

❶ 将除了普赛寇之外的所有原料倒入摇酒
壶,加冰摇匀,滤入细长形香槟杯。

❷ 加满普赛寇,用吧勺轻轻搅拌一下。

法兰西95是一款比较冷门的气泡鸡尾酒。有一款名字和它很相似的气泡鸡尾酒非常有名,叫法兰西75(French 75),配方是金酒、香槟或起泡酒、柠檬汁和糖。法兰西75是第一次世界大战期间法国使用的一种火炮的名字,威力很大,而法兰西75这款酒据说威力也不小,所以才起了这么一个名字。

法兰西95和法兰西75很相似,只是用波本威士忌代替了金酒。这款酒是美国"鸡尾酒之王"戴尔·德格罗夫(Dale DeGroff)发明的,算是一款现代经典鸡尾酒。

除了法兰西95,法兰西75还演化出了很多"数字鸡尾酒"。它们的配方都很像,只是基酒有所不同。比如,用伏特加来做,就是法兰西76;用接骨木花利口酒来做,就是法兰西77;用干邑来做,就是法兰西125。

波比彭斯
BOBBY BURNS

- 配方 -

40毫升 苏格登12年单一麦芽苏格兰威士忌

40毫升 仙山露红味美思

22毫升 法国廊酒

装饰: 柠檬皮卷

- 步骤 -

❶ 将所有原料倒入搅拌杯, 加冰搅匀。

❷ 滤入碟形杯, 以柠檬皮卷装饰。

波比彭斯跟罗布罗伊很像, 也是一款能够代表苏格兰的鸡尾酒。

罗布罗伊是苏格兰历史上一个真实的人物, 波比彭斯也确有其人, 而且是一位非常有名的苏格兰人。

Auld Lang Syne 也就是《友谊天长地久》这首歌, 你一定听过吧? 它的歌词是18世纪的苏格兰著名诗人罗伯特·彭斯 (Robert Burns) 写的, 而波比正是罗伯特的简称, 所以有人说波比彭斯这款酒就是根据他命名的。

苏格兰有一个传统节日叫彭斯之夜, 在每年的 1 月 25 日, 就是为了庆祝罗伯特·彭斯的生日。饮用波比彭斯鸡尾酒是这个节日的传统之一。

波比彭斯的配方是苏格兰威士忌、甜味美思和法国廊酒。如果你还记得罗布罗伊的配方, 它们是很像的。罗布罗伊是苏格兰威士忌、甜味美思和安高天娜苦精。

第一本记载波比彭斯配方的鸡尾酒书是1930 年出版的《萨伏依鸡尾酒手册》, 在它的配方下面还有一句说明: One of the very best whisky cocktails(最好的威士忌鸡尾酒之一), 这个评价可以说是非常高了。

热托蒂
HOT TODDY

- 配方 -

45毫升 泰斯卡10年单一麦芽苏格兰威士忌

10毫升 蜂蜜

5毫升 树胶糖浆

10毫升 新鲜柠檬汁

60毫升 刚烧开的热水

装饰：饰有丁香的柠檬圈

- 步骤 -

❶ 将除了热水之外的所有原料倒入玻璃马克杯，
然后加入热水。

❷ 用吧勺搅拌均匀，以饰有丁香的柠檬圈装饰。

说到热鸡尾酒大家会想到什么？是著名的蓝色火焰吗？

其实，还有一杯古老的热鸡尾酒，虽然没有蓝色火焰那么炫，却是很多人在冬天的最爱——它就是热托蒂。

有人说，热托蒂诞生在17世纪初的印度。在印度语里，有个词叫"taddy"，发音跟toddy很像，意思是用棕榈树汁液发酵而成的酒。

还有人说，热托蒂诞生在18世纪的苏格兰。当时爱丁堡的酒馆喜欢在苏格兰威士忌里加热水，而它们用的水来自爱丁堡当时最大的水井——托德井（Tod's Well）。热托蒂的名字就是这么来的。

但也有人说，热托蒂的名字其实来自19世纪都柏林的一位医生。他姓托蒂，喜欢给客人开一剂药方：白兰地、肉桂、糖和热水。所以，人们都把这款酒叫作热托蒂。

的确，一直以来，人们都相信热托蒂对感冒有不错的疗效，因为配方里的蜂蜜和柠檬汁能够缓解感冒带来的不适。即使到了今天，也有感冒的客人在酒吧里点这杯酒。

其实，托蒂也是一个鸡尾酒家族，基酒是可以换的。我示范的是威士忌做基酒，所以可以用蜂蜜。如果基酒是干邑，就尽量不要使用蜂蜜，因为酒的颜色会变得不那么好看。这也是我在实际操作中总结出来的经验。

老广场
VIEUX CARRE

- 配方 -

30毫升 酩帝诗US★1黑麦威士忌

30毫升 人头马VSOP优质香槟区干邑

30毫升 仙山露红味美思

10毫升 法国廊酒

1大滴 安高天娜苦精

1大滴 佩肖苦精

装饰：橙皮卷

- 步骤 -

❶ 将所有原料倒入装满冰块的杯中搅匀。

❷ 以橙皮卷装饰。

现在，我们又来到了经典鸡尾酒圣地——新奥尔良。

历史上有众多知名鸡尾酒诞生在这里——萨泽拉克、拉莫斯金菲兹、绿蚱蜢、飓风……

老广场跟它们一样，也是新奥尔良的"特产"，而且从名字上来看，它是这些鸡尾酒里面最有新奥尔良特色的，因为老广场是新奥尔良最著名的街区——法语区的别称。

在法语区，有一家古老的酒店，叫作蒙特莱昂酒店（Hotel Monteleone）。它在1886年就开门营业了，世界上第一杯老广场据说就诞生在这里。

蒙特莱昂酒店里有一家著名的酒吧，叫旋转木马酒吧（Carousel Bar）。这家酒吧的吧台的确跟旋转木马那样是可以转动的——每15分钟转一圈，所以不用担心会头晕。20世纪30年代，旋转木马酒吧的调酒师主管沃尔特·伯杰龙（Walter Bergeron）发明了老广场，并且用酒吧所在的街区来给这杯酒命名。这就是老广场的起源。

旋转木马酒吧现在还开着。如果你以后有机会去新奥尔良，一定要去这里的旋转台上点一杯老广场。

一杆进洞
HOLE IN ONE

- 配方 -

50毫升 苏格登12年单一麦芽苏格兰威士忌
25毫升 仙山露红味美思
5毫升 新鲜柠檬汁
1大滴 橙味苦精

- 步骤 -

❶ 将所有原料倒入摇酒壶,加冰摇匀。

❷ 滤入马天尼杯。以柠檬皮增香,柠檬皮
不入杯。

不知道大家有没有玩过高尔夫? 玩过的话, 应该不会对这款酒的名字感到陌生。对每个高尔夫球手来说, 一杆进洞应该都是他们的终极梦想吧。

这款鸡尾酒其实就是在罗布罗伊的基础上加了少许柠檬汁, 制作方法跟罗布罗伊一样。

盘尼西林
PENICILLIN

- 配方 -

30毫升 尊尼获加15年雪莉苏格兰威士忌

30毫升 卡尔里拉12年艾莱岛苏格兰单一麦芽威士忌

15毫升 姜味利口酒

15毫升 蜂蜜

20毫升 新鲜柠檬汁

装饰：糖渍姜片

- 步骤 -

❶ 将所有原料倒入摇酒壶，加冰摇匀。

❷ 滤入加有冰块的杯中，以糖渍姜片装饰。

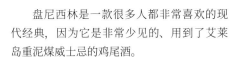

盘尼西林是一款很多人都非常喜欢的现代经典，因为它是非常少见的、用到了艾莱岛重泥煤威士忌的鸡尾酒。

盘尼西林诞生于 2005 年，创作它的人叫山姆·罗斯（Sam Ross）。他是澳大利亚人，当时只有 22 岁，在纽约著名的奶与蜜酒吧工作。这款酒是他无意中试验出来的产品。因为配方里有能够缓解感冒症状的姜和蜂蜜，所以他将它命名为盘尼西林。

这款酒被创作出来之后，一开始只是在小范围内流行，特别是在美国的调酒师之间。后来，他们把它放上酒单，让它迅速在美国流行开来。如今，盘尼西林在全世界的酒吧都能喝得到。

教父
GODFATHER

- 配方 -

50毫升 尊尼获加黑牌苏格兰威士忌
30毫升 杏仁利口酒
装饰：**橙皮卷**

- 步骤 -

❶ 将所有原料倒入加有冰块的杯中，搅拌均匀。

❷ 以橙皮卷装饰。

看到教父这个名字，大家是不是想到了那部著名的电影？没错，虽然我们已经无法考证这款酒的起源，但在电影《教父》上映期间——20世纪70年代，它是非常流行的。甚至有人说，它是影片主演马龙·白兰度的最爱，当然，这个说法并没有确切的证据。

教父属于双料鸡尾酒，也就是一款烈酒加一款利口酒做成的鸡尾酒。

跟亚历山大一样，教父也有各种各样的"亲戚"。比如，把配方里的威士忌换成伏特加，就是教母；把威士忌换成白兰地，就是教子。

美式早餐
AMERICAN BREAKFAST

- 配方 -

50～60毫升 酩帝诗US★1黑麦威士忌

20毫升 枫糖浆

30毫升 新鲜西柚汁

装饰 西柚皮卷

- 步骤 -

❶ 将所有原料倒入摇酒壶，加冰摇匀。

❷ 滤入杯中。以西柚皮卷装饰。

　　美式早餐这款酒，可能有不少人曾经在我的客座调酒活动上喝到过。我个人比较喜欢这款冷门经典，最近几年做客座活动时经常会把它放在酒单里。

　　它的配方是黑麦威士忌（波本威士忌亦可）、枫糖浆和西柚汁。枫糖浆是美式早餐里必备的，因为吃薄煎饼要用到，黑麦威士忌又是美国的特色之一，所以把这款酒叫作美式早餐非常贴切。

　　我是在一本书上看到这个配方的，不过具体的书名已经忘记了。当时为了复原这个配方，我用各种不同的品牌做了大量实验，才找到最合适的配方。前前后后一共花了七八个月的时间。所以，要还原一个经典配方并不容易。

RUM

COCKTAILS

第四章

朗姆酒鸡尾酒

大吉利
DAIQUIRI

- 配方 -

60毫升 百加得白朗姆酒
20毫升 树胶糖浆
30毫升 新鲜青柠汁

- 步骤 -

❶ 将所有原料倒入摇酒壶,加冰摇匀。
❷ 滤入冰过的鸡尾酒杯。

大吉利最早出现在书里是在 20 世纪 30 年代,配方是朗姆酒、树胶糖浆和青柠汁。比这更早的一个版本用的是砂糖,因为那时还没有糖浆。那后来为什么会改用树胶糖浆?有的人做大吉利一定要用砂糖,而不是糖浆,其实这个概念是错的。

我在查资料的时候发现,之所以改用糖浆,是因为砂糖在低温下不易溶解。酒倒入酒杯中,糖还在下面,没有完全溶解。而且这款酒是用鸡尾酒杯去呈现的,无法将糖搅匀。正是因为砂糖很难处理,所以才出现了单糖浆或者树胶糖浆。跟单糖浆相比,树胶糖浆的香气更清新,和白朗姆酒非常搭。

大吉利是什么意思呢?它是古巴圣地亚哥附近一个小镇的名字。

1898 年,美西战争爆发,美国取得了古巴圣胡安山战役的胜利。美国人开始进驻古巴矿山,开采铁矿。在此期间,一个名叫詹宁斯·科克斯(Jennings Cox)的美国采矿工程师来到大吉利小镇,在附近的矿场工作。每个月,公司都会发一些古巴生产的百加得朗姆酒给他。某天,他用手头的朗姆酒、青柠汁、糖做了一杯酒——大吉利就这样诞生了。

后来在 1902 年,一位美国议员买下了这片矿场,并在同一年把大吉利引入了纽约的私人俱乐部。而大吉利真正风靡要归功于美国海军少将卢修斯·约翰逊(Lucius Johnson)。1909 年,他在古巴喝到了大吉利,并把配方带回了华盛顿的陆海军俱乐部。从此,大吉利就在美国流行起来。

随着大吉利的流行,也出现了各种变种。冰冻大吉利(Frozen Daiquiri)就是其中之一。1930 年代，古巴老牌酒吧小佛罗里达（El Floridita）的调酒师康斯坦丁诺·瑞巴莱古阿·贝尔特（Constantino Ribalaigua Vert）在大吉利中加入了碎冰，从而创造出了冰冻大吉利。

大吉利最著名的"粉丝"应该是美国作家海明威。传说他在古巴旅行时，每天都会去小佛罗里达喝大吉利。不过，他喜欢的版本是不加糖、放双份朗姆酒。酒吧里的调酒师在这一基础上加入了西柚汁和樱桃利口酒——这个版本就叫作海明威大吉利（Hemingway Daiquiri）。

大吉利没有装饰，很多古典鸡尾酒都是没有装饰的。其实最早的鸡尾酒装饰出现在意大利。去意大利买古董杯子，会看到它们上面画了各式各样的水果——橙、草莓、梅子……这是我们能看到最早的鸡尾酒装饰。另外一种装饰——橙皮则源自大概 150 年前的美国。装在马天尼杯里的鸡尾酒很少用装饰，因为以前不像现在有小夹子，可以把装饰夹在上面，一般都是放可以吃下去的装饰，比如马天尼里面的橄榄。

但现在很多鸡尾酒的装饰是不能吃的。我看过鸡尾酒比赛的时候，还有人放了一整朵百合花，或者插一把植物——这我完全不知道该怎么喝。以前的装饰都是水果或者腌制的橄榄和樱桃，都是可以直接食用的。而且它们有时配勺子，有时配酒签，可以很方便地食用。所以对待装饰这种细节，调酒师也要有一定的考量。

大吉利

DAIQUIRI

- 配方 -

30毫升 百加得白朗姆酒
15毫升 君度橙酒
15毫升 新鲜柠檬汁

- 步骤 -

❶ 将所有原料倒入摇酒壶,加冰摇匀。

❷ 滤入冰过的碟形杯。以柠檬皮增香,
柠檬皮不入杯。

XYZ 是一款很特别的酒。这个名字意味着它是"最后一杯鸡尾酒",因为 XYZ 之后,26 个英文字母就没有了。

XYZ 也是一款酸酒类的酒。它听上去和大吉利差不多:大吉利是朗姆酒加树胶糖浆和青柠汁,而 XYZ 是朗姆酒加橙味利口酒和柠檬汁。三种原料的比例是 2∶1∶1,做到酸甜平衡就可以了。

XYZ 这三个字母造就了它是最完美的一款鸡尾酒,也就是"最后一杯鸡尾酒",这杯酒之后就没有其他鸡尾酒出现了。我在学调酒的时候是这样解释这款酒的。你看,没有一款鸡尾酒是用这样的形式去命名的。

不过,关于 XYZ 的诞生过程很难找到资料。但可以确定的是,它被收录在了 1930 年出版的《萨伏依鸡尾酒手册》中。它也在《日本调酒师协会鸡尾酒手册》里面出现过,不过对它的描写的确不多。

其实,现在喝 XYZ、知道 XYZ 的人很少。可能我的徒弟都知道 XYZ 是什么,但是很少有人能把它做好。其实,只要做到酸甜平衡就可以做好它,对得起"最后一杯鸡尾酒"这个名字。

总统
EL PRESIDENTE

- 配方 -

45毫升 百加得白朗姆酒

30毫升 仙山露特干味美思

15毫升 君度橙酒

10毫升 红石榴糖浆

装饰：橙皮卷

- 步骤 -

❶ 将所有原料倒入摇酒壶，加冰摇匀。

❷ 滤入碟形杯，以橙皮卷装饰。

总统是一款诞生在古巴的鸡尾酒。它的原名是西班牙语，叫 El Presidente。据说它是根据某位古巴总统命名的。

总统其实有好几个配方，但这些配方都不是很古老。关于它最早的书面记载之一同样来自 1930 年出版的《萨伏依鸡尾酒手册》。

最老的配方叫作**总统 1 号**，原料包括白朗姆酒、菠萝汁、青柠汁和红石榴糖浆，最后加一个青柠片做装饰。从这个配方可以看到，它是从大吉利演变出来的：它把树胶糖浆拿掉了，换成了菠萝汁和红石榴糖浆。

然后还有**总统 2 号**：白朗姆酒、干味美思和安高天娜苦精。

总统 3 号是白朗姆酒、干味美思、橙皮利口酒和红石榴糖浆。

总统 4 号是白朗姆酒、橙皮利口酒和干味美思，要搅拌，不要摇匀，用橙皮装饰。

总统就这四个配方，现在常见的应该是 3 号配方。

上海鸡尾酒
SHANGHAI COCKTAIL

- 配方 -

45毫升 百加得白朗姆酒

5毫升 茴香酒

5毫升 红石榴糖浆

10毫升 单糖浆

15毫升 新鲜柠檬汁

- 步骤 -

❶ 将所有原料倒入摇酒壶,加冰摇匀。

❷ 滤入碟形杯。

大家都知道,我的调酒生涯始于上海,我的第一家酒吧也开在上海,所以我对这款名为"上海"的鸡尾酒是有着特殊感情的。

不过可惜的是,关于它的起源现在还找不到任何记载。我所知道的是,它被收录于1930年出版的《萨伏依鸡尾酒手册》,所以它的诞生时间肯定要早于1930年。

二十世纪二三十年代的上海是一座繁华的国际性大都市,有着"东方巴黎"的美称。在那个年代,出现一款名为"上海"的鸡尾酒是非常自然的。

日本调酒师协会出版的《日本调酒师协会鸡尾酒手册》中也有这款酒,书里对上海鸡尾酒的解释是港口鸡尾酒。

单看它的配方,你可能会觉得这款酒有点"奇葩":朗姆酒、茴香酒、柠檬汁、红石榴糖浆。但是,其实你可以把它看成一款加了茴香酒和红石榴糖浆的朗姆酒酸酒。只要做好了,它的味道令人难忘。或许这杯酒正符合当时上海在西方人眼里的印象——充满异域风情。

飓风
HURRICANE

- 配方 -

60毫升 百加得白朗姆酒

60毫升 百加得黑朗姆酒

15毫升 单糖浆

2吧勺 红石榴糖浆

30毫升 新鲜百香果汁

30毫升 新鲜橙汁

15毫升 新鲜青柠汁

装饰：橙圈

- 步骤 -

❶ 将所有原料倒入摇酒壶，加冰摇匀。

❷ 滤入加有冰块的飓风杯，以橙圈装饰。

跟拉莫斯金菲兹一样，飓风也诞生于新奥尔良。

大家都知道，新奥尔良属于路易斯安那州，那里是波本威士忌的重镇，但飓风却是一款朗姆鸡尾酒。这是为什么呢？

这是因为在 20 世纪 40 年代，第二次世界大战刚刚结束，美国市场上的波本威士忌十分短缺，但朗姆酒却供应充足。源源不断的驳船沿着密西西比河，把加勒比海沿岸国家生产的朗姆酒运送到新奥尔良港口。

这些朗姆酒的价格十分优惠，新奥尔良的酒吧开始大量囤货。那么，怎样能把这么多朗姆酒卖出去呢？帕特奥布莱恩酒吧（Pat O'Brien's）的老板想出了一个绝妙的点子。

他用朗姆酒创作了一款全新的鸡尾酒，也就是飓风。

飓风的配方是白朗姆酒、黑朗姆酒、百香果汁、橙汁、青柠汁、单糖浆、红石榴糖浆。白朗姆酒和黑朗姆酒都是 60 毫升，所以可以看到，它的朗姆酒用量比较大。

帕特奥布莱恩酒吧位于新奥尔良法语区，现在仍然开着。很多人到了新奥尔良会专门去那里喝飓风。但是他们现在做飓风的方法已经不一样了。为了走量，他们会提前批量制作所谓的飓风预调料，加上金朗姆酒，就可以很快速地做出一杯飓风。

不过，我们还是要学习原始的飓风制法，不会把原料提前混合好。飓风也是有专门的载杯的，叫作飓风杯。

火奴鲁鲁
HONOLULU

- 配方 -

45毫升 百加得金朗姆酒

5毫升 红石榴糖浆

10毫升 单糖浆

30毫升 新鲜菠萝汁

15毫升 新鲜柠檬汁

- 步骤 -

❶ 将所有原料倒入摇酒壶,加冰摇匀。

❷ 滤入杯中。

火奴鲁鲁,也叫作檀香山,是夏威夷的首府。它是一座旅游城市,风景非常美,我已经去过好几次了。不过,我在那里没看到过有人喝火奴鲁鲁。蓝色夏威夷喝的人倒是很多,但是不一定好喝。

火奴鲁鲁是一款现代经典,首个书面配方出现在 1972 年。它的发明者是大名鼎鼎的提基文化奠基人 —— 商人维克 (Trader Vic),原名维克多·伯杰龙 (Victor Bergeron)。他创办了著名的提基主题连锁餐厅垂德维克 (Trader Vic's),将提基文化推广到了全世界。除了火奴鲁鲁,他还发明了其他许多提基鸡尾酒,像蝎子 (Scorpion)、皇后公园斯维泽 (Queen's Park Swizzle) 等。此外,大名鼎鼎的迈泰也被公认是他发明的。

讲到提基鸡尾酒,很多人的第一印象都是甜腻腻的、可能不太好喝。然而,真正的提基鸡尾酒应该是好喝的,要用到优质基酒和各种新鲜果汁。商人维克本人就推崇用新鲜原料来调酒,能够让鸡尾酒的风味微妙、清新。用新鲜菠萝汁和柠檬汁调制的火奴鲁鲁就是个很好的例子。

迈泰
MAI TAI

- 配方 -

60毫升 百加得金朗姆酒

20毫升 君度橙酒

20毫升 杏仁糖浆

25毫升 新鲜青柠汁

装饰： 鸡尾酒樱桃、青柠片和柠檬片

- 步骤 -

❶ 将所有原料倒入摇酒壶，加冰摇匀。

❷ 滤入加满碎冰的高球杯，以鸡尾酒樱桃、
青柠片和柠檬片装饰。

迈泰，可能是世界上最受欢迎的提基鸡尾酒之一。我记得以前去夏威夷旅游的时候，毛伊岛上人手一杯。

围绕着迈泰的起源，曾经有过一场大佬之争。提基鸡尾酒文化的两大奠基人——商人维克和海滩流浪汉先生（Don The Beachcomber）都号称自己是迈泰的发明者，最后还闹上了法庭。

正如此前介绍过的，商人维克发明了很多款经典的提基鸡尾酒，像火奴鲁鲁。他还在加利福尼亚奥克兰创办了垂德维克餐厅，主打波利尼西亚风格的美食和鸡尾酒。

商人维克有一对夫妇朋友是塔希提岛人。1944 年的某个晚上，他在自己的餐厅里研发新配方时，这对夫妇正好也来到了餐厅，他就把做好的酒给他们试。那位妻子喝了一口就惊叹道："Mai tai-roa ae !"在塔希提语里，

这句话的意思是"太棒了！"于是，这杯酒就被命名为迈泰。

但海滩流浪汉先生对这个说法提出了异议。他声称自己才是迈泰的发明人，而且早在 1933 年就发明了它——这比商人维克的说法要早十年。

两人都坚持自己的说法，直到多年后的一场诉讼解决了这场争端。商人维克的连锁餐厅不断扩张，还率先推出了预调迈泰。后来，海滩流浪汉先生也在自己的餐厅里推出了预调迈泰，并在包装上特别注明自己是迈泰的发明者。

为此，商人维克在 1970 年把海滩流浪汉先生告上了法庭。他提交了种种证据，证明自己才是迈泰的发明者。最终，他胜诉了，提基大佬之争也终于画上了句号。

莫吉托
MOJITO

- 配方 -

60毫升 百加得白朗姆酒

20毫升 甘蔗糖浆

2个 1/4青柠角

9～10片 薄荷叶

装饰：1束 薄荷叶

- 步骤 -

❶ 在杯中直接挤入青柠角的汁，再将挤过的青柠角放入杯中，然后放入薄荷叶。

❷ 用捣棒轻轻捣压青柠和薄荷叶。

❸ 加满碎冰，倒入朗姆酒和糖浆，搅拌一下。

❹ 继续加满碎冰，以薄荷叶装饰。

最近有一杯酒突然火得不得了。它就是被周杰伦唱红的——Mojito（莫吉托）。

有调酒师感叹说，纠正了客人这么多年Mojito的发音，效果还不如周杰伦的一首歌。的确，很多人可能是受中文译名的误导，会把Mojito的音发错，叫成"莫吉托"，但是，正确的读法应该是muh-hee-toh。

莫吉托是一款代表性的古巴鸡尾酒，历史非常悠久。它的诞生和伊丽莎白时代的著名英国私掠船长弗朗西斯·德雷克（Francis Drake）有关。

德雷克是非常传奇的一个人。1540年，他出生在英国德文郡的一个普通农夫之家，10岁起开始做见习水手，20岁之前就拥有了自己的船，开始干贩卖非洲奴隶的勾当。

后来，他获得了伊丽莎白女王颁发的私掠许可证，这意味着他可以"合法"打劫属于西班牙国王腓力二世的财产。他带领自己的船队驶向西印度群岛和中南美洲，不断骚扰和打劫那里的西班牙殖民地，成为当地人的噩梦。他们给他起了一个外号——El Draque，在西班牙语里面是"龙"的意思。

1586年，德雷克带领船队来到古巴。要知道，哈瓦那在那时是西印度群岛最富裕的港口，所以，大家都以为他肯定要入城大肆抢劫。没想到，他的船队只是在海面上停驻了几天就开走了。

这让古巴人感到十分庆幸。于是，他们用阿瓜颠地（aguadiente）、糖、青柠和薄荷做了一款酒，用德雷克的外号"龙"来命名，来纪念这一段经历。所谓的阿瓜颠地，就是当地人用一种很粗糙的方法蒸馏出来的甘蔗烈酒，可以说是朗姆酒的雏形。

大家可以看到，德雷克的配方和莫吉托非常相似。当朗姆酒出现之后，把龙鸡尾酒里的阿瓜颠地换成朗姆酒，就变成了莫吉托。

当然，在那个年代是没有苏打水的，所以最原始的莫吉托做法应该不放苏打水。按鸡尾酒家族来划分的话，原始的莫吉托属于思迈斯（Smash）家族。只要是用烈酒、薄荷和甜味剂做的鸡尾酒，就可以被归为思迈斯家族。

现在大多数酒吧做莫吉托都喜欢放苏打水，但我更倾向于尊重原始配方。而且莫吉托是用碎冰，本身稀释度已经够了，如果再加大量苏打水，喝起来会有种很"水"的感觉。从我们店里客人的反响来看，我这个版本的莫吉托更符合资深酒客的口味。

莫吉托

MOJITO

上海霸克
SHANGHAI BUCK

- 配方 -

45毫升 百加得金朗姆酒

15毫升 单糖浆

15毫升 新鲜青柠汁

用来加满的姜汁啤酒

装饰：青柠角

- 步骤 -

❶ 将朗姆酒、糖浆和青柠汁倒入装有冰块的高球杯。

❷ 加满姜汁啤酒，轻轻搅拌一下，以青柠角装饰。

上海霸克很特殊，因为它是为数不多的诞生在上海的经典鸡尾酒。

跟之前写到的上海鸡尾酒（第 178 页）一样，上海霸克也风行于 20 世纪二三十年代。但上海霸克更幸运，因为它的起源被一个人详细记录下来了。

这个人叫小查尔斯·H·贝克，是一位嗜酒如命的美国作家。他曾经环游世界，每到一个地方都会尽情尝试当地的酒和食物，并且把它们记录下来，结集成书。20 世纪 20 年代，他到了上海，并且在大名鼎鼎的上海总会——也就是如今的外滩华尔道夫酒店所在地喝到了这款上海霸克。

上海总会是当时的英国人俱乐部，里面有一个著名的吧台，长达 33 米，号称"远东第一长吧台"。现在你去外滩华尔道夫酒店的廊吧，还能看到这个复原后的长吧台。据说，

当时上海霸克是上海总会最受欢迎的鸡尾酒。有多受欢迎呢？他们用来做上海霸克的朗姆酒是百加得，因为这个酒太受欢迎了，结果上海总会酒吧成为当年全世界最大的百加得客户。

在《绅士伴侣》一书中，贝克写下了他在上海总会喝到的上海霸克配方：

2 量杯 百加得（白或金朗姆酒）

1～2 茶勺 糖

干姜水或姜汁啤酒

可以看到，原始配方里是没有酸的。贝克在书中对它进行了改良，加入了青柠汁，并且起名为"Improved Shanghai Buck"，也就是改良版上海霸克。如今通行的上海霸克配方都是加了青柠汁的。

黑暗风暴
DARK'N'STORMY

- 配方 -

45毫升 百加得黑朗姆酒
用来加满的姜汁啤酒
装饰：**青柠角**

- 步骤 -

❶ 将姜汁啤酒倒入装有冰块的高球杯。

❷ 放入青柠角，将黑朗姆酒沿着吧勺
  背部倒入杯中，形成漂浮效果。

❸ 喝之前用吸管搅拌一下。

这款鸡尾酒有点特别，因为它是一款少有的、被注册了商标的经典鸡尾酒。

故事要从 1806 年说起。一个叫约翰·高斯林（John Gosling）的年轻英国酒商从肯特坐船出发，带着价值 1 万英镑的货物前往美国。这艘船在海上航行了 91 天，因为租船合约到期，不得不在百慕大群岛靠岸。高斯林就在这里安顿了下来。

半个世纪以后，他的家族开始调配朗姆酒出售，很受当地人的欢迎。驻扎在百慕大的英国皇家海军发现，这种朗姆酒跟他们常喝的姜汁啤酒兑在一起味道非常好。

高斯林家族出的这款朗姆酒颜色非常深，接近于黑色，加完姜汁啤酒之后颜色仍然很深。有位海军士兵说，如果天空的云是这个颜色，只有傻瓜或死人才会坚持出海。于是，黑暗风暴的名字就这样诞生了。

1980 年和 1991 年，高斯林家族分别在百慕大和美国注册了黑暗风暴商标。这个商标要求黑暗风暴一定要用高斯林黑朗姆酒来做。他们应该还没有在中国注册这个商标。不过，如果你想表示对这款酒的尊重，当然还是要选择高斯林。

黑暗风暴是百慕大的代表性鸡尾酒，甚至有着"百慕大国酒"的美称。但它的魅力不分国界，每年的 6 月 9 日是"国际黑暗风暴节"，全世界的黑暗风暴"粉丝"都会在这一天共同庆祝。

索诺拉鸡尾酒
SONORA COCKTAIL

- 配方 -

30毫升 百加得白朗姆酒

30毫升 苹果杰克或卡尔瓦多斯

15毫升 路萨朵杏味力娇酒

15毫升 新鲜柠檬汁

- 步骤 -

❶ 将所有原料倒入摇酒壶,加冰搅匀。

❷ 滤入杯中。

　　索诺拉鸡尾酒——当你看到这个名字时,是不是觉得这款酒里一定有特其拉呢?因为索诺拉是墨西哥一个州的名字。

　　其实不然。这款酒里一滴特其拉也没有。它的基酒是等份的朗姆酒和苹果杰克或卡尔瓦多斯,加上少许杏果利口酒和柠檬汁。

　　索诺拉鸡尾酒可以说非常冷门,因为我一直找不到关于它起源的资料。我现在能告诉大家的是,它是 1930 年出版的《萨伏依鸡尾酒手册》里面的一款配方,所以它的历史也很久了。

　　我之所以推荐这款酒,是因为它用到了不太常见的苹果白兰地——你可以用美国特产苹果杰克,也可以用法国特产卡尔瓦多斯。

裸露佳人
NAKED LADY

- 配方 -

30毫升 百加得白朗姆酒

30毫升 仙山露红味美思

10毫升 路萨朵杏味力娇酒

10毫升 红石榴糖浆

15毫升 新鲜柠檬汁

装饰：柠檬皮卷

- 步骤 -

❶ 将所有原料倒入摇酒壶,加冰摇匀。

❷ 滤入马天尼杯,以柠檬皮卷装饰。

　　裸露佳人——毫无疑问,这是一款名字很大胆的鸡尾酒。但是,不要被这个名字骗了,其实它是非常优雅、复杂的。

　　它结合了白朗姆酒的清新、甜味美思的草本特质、杏果利口酒和红石榴糖浆的甜美果味,还有柠檬汁的酸。如果制作得当,这会是一杯既平衡又复杂的鸡尾酒,尤其适合在餐前饮用。

　　其实,名字中带"佳人"的鸡尾酒不少,像白色佳人(White Lady)、粉红佳人(Pink Lady)、黑色佳人(Black Lady)等。现在,你又认识了一位"佳人":裸露佳人。

航空邮件
AIR MAIL

- 配方 -

25毫升 百加得金朗姆酒
12毫升 蜂蜜糖浆或蜂蜜
12毫升 新鲜青柠汁
加满杯的干型香槟

- 步骤 -

❶ 将除香槟之外的所有原料倒入摇酒壶,
加冰摇匀。

❷ 滤入香槟杯,慢慢加满香槟。

一杯叫航空邮件的鸡尾酒,寓意是什么?在过去,航空邮件是速度最快的寄信方式,而这款酒叫这个名字,是因为它能最快地让你进入饮酒的状态。

航空邮件的配方是金朗姆酒、蜂蜜糖浆(如果买不到,可以用蜂蜜代替)、青柠汁和香槟。所以,它是一款不太多见的香槟鸡尾酒。或者你也可以用干型起泡酒来代替香槟。

在朗姆酒的选择上,我推荐用百加得。因为最早记录这款酒配方的书是一本1930年出版的小册子,叫作《百加得和它的各种用法》(*Bacardi and Its Many Uses*)。根据这本小册子,调制航空邮件要用百加得金朗姆酒。

百加得鸡尾酒
BACARDI COCKTAIL

- 配方 -

45毫升 百加得白朗姆酒
10毫升 红石榴糖浆
15毫升 新鲜青柠汁
10毫升 矿泉水
装饰：路萨朵意大利樱桃

- 步骤 -

❶ 将所有原料倒入摇酒壶,加冰摇匀。

❷ 滤入马天尼杯,以路萨朵意大利樱桃装饰。

这款鸡尾酒跟我们都非常熟悉的朗姆酒品牌——百加得有着很深的渊源：它的名字就叫作百加得鸡尾酒。

百加得鸡尾酒的配方其实跟大吉利非常像，就是在经典大吉利的基础上加了一点红石榴糖浆，让整杯酒的色泽和口感都产生了明显的变化。不过，百加得鸡尾酒一定要用百加得白朗姆酒来做。

百加得鸡尾酒配方的首个书面记录是在1914年出版的一本叫《酒饮》(*Drinks*) 的书中，它的作者是当时芝加哥一家酒店里的调酒师。这本书其实并没有那么出名，但书里明确写

到基酒一定要用百加得。

大家都知道，1920 年美国颁布了禁酒令，很多美国人纷纷飞到古巴去过酒瘾。可能正是因为如此，禁酒令结束之后，充满古巴风情的百加得鸡尾酒在美国酒吧迅速流行起来，成为 20 世纪 30 年代最畅销的鸡尾酒之一。

然而，有些酒吧为了销量，开始用其他朗姆酒来代替百加得，但却仍然顶着百加得鸡尾酒的名头卖给客人。这是一种侵权行为。为此，百加得公司于 1936 年在纽约起诉了几家侵权的商家，并最终胜诉。纽约高等法院做出裁决：百加得鸡尾酒一定要用百加得来做。

老古巴
OLD CUBAN

- 配方 -

80毫升 百加得8年陈酿朗姆酒

10毫升 单糖浆

15毫升 新鲜青柠汁

4～5大滴 安高天娜苦精

适量仙山露普赛寇优质干起泡酒

装饰：薄荷叶

- 步骤 -

❶ 将除了起泡酒之外的所有原料倒入摇酒壶，加冰摇匀。

❷ 滤入装有冰块的葡萄酒杯，倒入适量起泡酒（至酒杯2/3处）。
以薄荷叶装饰。

　　老古巴是一款现代经典。之所以说它现代，是因为它诞生于2004年。它的创作者是一位很有名的美国女性调酒师，叫作奥黛丽·桑德斯（Audrey Sanders）。她是纽约传奇酒吧佩古俱乐部（Pegu Club）的创始人，创作过不少著名的鸡尾酒，比如50/50马天尼（50/50 Martini）和金金骡子（Gin Gin Mule）。不过很可惜的是，这家酒吧已经因为疫情而停业了。

　　据说这款老古巴是桑德斯为百加得8年特别创作的，所以基酒要用百加得8年。

　　这款酒还有一个很特别的地方，就是用到了香槟。朗姆酒和香槟的组合并不常见，这杯酒的口感非常清新活泼。不过，出于成本控制的考虑，你可以用干型起泡酒来代替香槟。

丛林鸟
JUNGLE BIRD

- 配方 -

45毫升 百加得黑朗姆酒

15毫升 金巴利苦味利口酒

15毫升 单糖浆

60毫升 新鲜菠萝汁

15毫升 新鲜青柠汁

装饰：橙片

- 步骤 -

❶ 将所有原料倒入摇酒壶，加冰摇匀。

❷ 滤入杯中，加满碎冰，以橙片装饰。

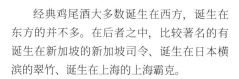

经典鸡尾酒大多数诞生在西方，诞生在东方的并不多。在后者之中，比较著名的有诞生在新加坡的新加坡司令、诞生在日本横滨的翠竹、诞生在上海的上海霸克。

现在，让我们再来认识一款诞生在东方的经典——丛林鸟。

它的起源有非常确切的记载。在1989年出版的《新编美国调酒师指南》(The New American Bartender's Guide) 里，作者记录了它的诞生地：吉隆坡希尔顿酒店。更具体一点，它是1973年由酒店的酒水经理杰弗瑞·王 (Jefferey Ong) 创作的。

可惜的是，这家希尔顿现在已经不在了，所以丛林鸟不像新加坡司令那样，还能在它的诞生地喝到。而杰弗瑞也在2019年去世。他的地位在马来西亚是很高的，当地报纸在怀念文章中形容他是"马来西亚唯一一款享有国际知名度的经典鸡尾酒的创作者"。

丛林鸟是一款提基风格的鸡尾酒，充满热带风情。在很多人眼中，它也是马来西亚国酒。

椰林飘香
PINA COLADA

- 配方 -

60毫升 百加得白朗姆酒

30毫升 奶油

40毫升 椰奶

180毫升 新鲜菠萝汁

1小撮 盐

装饰：菠萝角

- 步骤 -

❶ 将所有原料放入电动搅拌机，搅打均匀。

❷ 倒入飓风杯，以菠萝角装饰。

我相信，大家对椰林飘香都有自己的理解。毕竟几乎所有酒吧都会做它，而它也是人们去海滩假时的首选鸡尾酒之一。我个人最推崇的版本则是国际调酒师协会的官方版本。

关于椰林飘香的发明者有几种不同的说法，但是可以肯定的是，它诞生在波多黎各。有人说，它是19世纪波多黎各的一个叫作罗伯托·科弗雷思（Roberto Cofresi）的海盗发明的。为了给船上的同伴提神，他把白朗姆酒、菠萝汁和椰奶调在一起，而这就是椰林飘香的前身。

有人说，椰林飘香诞生在波多黎各首都圣胡安的卡里波希尔顿酒店。1954年，一个叫雷蒙·马雷罗（Ramon Marrero）的调酒师在那里发明了它。据说，这个调酒师在接下来的35年时间里一直在同一家酒店做这杯酒，直到1989年退休。

1978年，椰林飘香被波多黎各政府认定为波多黎各国酒。

中式鸡尾酒
CHINESE COCKTAIL

- 配方 -

45毫升 百加得黑朗姆酒
5毫升 君度橙酒
5毫升 路萨朵经典意大利樱桃力娇酒
15毫升 红石榴糖浆
1大滴 安高天娜苦精

- 步骤 -

❶ 将所有原料倒入摇酒壶,加冰摇匀。
❷ 滤入碟形杯。

中式鸡尾酒——中国调酒师听到这个名字应该很亲切。

这款酒的配方被收录在1930年出版的《改良鸡尾酒》(Approved Cocktails)这本书里。这是一本由英国调酒师工会出版的配方集,不过比较可惜的是,书里并没有提到中式鸡尾酒的来历。

中式鸡尾酒的基酒是黑朗姆酒:它是一种颜色非常深的朗姆酒,风味比白朗姆酒更丰富。

VODKA

COCKTAILS

第五章

伏特加鸡尾酒

血腥玛丽
BLOODY MARY

- 配方 -

45毫升 坎特一号伏特加

10～15毫升 伍斯特郡酱

8～9大滴 辣椒仔

45毫升 番茄汁

20毫升 柠檬汁

装饰：柠檬圈、芹菜和现磨黑胡椒粉

- 步骤 -

❶ 准备两个调酒听。

❷ 将所有原料倒入一个调酒听，然后用拉制手法令原料充分融合。

❸ 倒入装有冰块的杯中，以柠檬圈、芹菜和现磨黑胡椒粉装饰。

　　血腥玛丽很有名，但有勇气点它的人不多。去过酒吧的人都知道，它是一款最让人不敢点的酒。一想到番茄汁，大家就会觉得"哇！很难驾驭的味道！"或者"哇！调酒师能不能把它做好？"

　　我曾经去过一家酒吧，跟里面的调酒师说我想喝一杯血腥玛丽。那个调酒师跟我说："还是不要喝了吧。"这句话的潜台词是，调酒师对做好它没有信心。喝的人没信心去喝，做的人没信心去做，但这款酒却保留下来了。

　　血腥玛丽也是一款20世纪20年代的酒，诞生在巴黎的哈利纽约酒吧。这款酒的名字背后隐藏着一个残酷的故事。"玛丽"指的是英格兰女王玛丽一世：她是虔诚的天主教徒，即位后严厉打击新教，杀害了很多新教徒，从而被人们称为"血腥玛丽"。

　　血腥玛丽的配方包括了番茄汁。其实我们在市场上可以选到很多经典的、很好的番茄汁，里面就包括日本的可果美（Kagome）——它的一瓶番茄汁里面就有11只番茄，是百分之百天然番茄做出来的。

　　市场上的番茄汁可以分为两种：一种含盐，一种不含盐。我们要尽量选择含盐的，这样在做酒时无须再放盐。另外要注意，一旦开瓶就不要隔夜，因为番茄汁会氧化，颜色会变。在酒池星座，我们用的是统一小罐装番茄汁，含盐。

　　血腥玛丽其实是很多调酒师不敢去做的一款酒，但在酒池星座，血腥玛丽还是很受欢迎的。那么年轻调酒师为什么不敢去挑战这款酒呢？

　　因为这款酒用到了比较难驾驭的辣椒仔

（Tabasco）和伍斯特郡酱（Worcestershire sauce）——也就是噏汁。而且我要告诉大家，装饰里的芹菜也是必需的，不可缺少。但是芹菜要经过处理，去筋之后再放到酒里，这样客人就不会吃得那么狼狈。

年轻调酒师之所以不敢挑战血腥玛丽，很大的原因是对调味料的运用把握不住，不敢用。有人用噏汁，用两滴，用辣椒仔也是两滴，柠檬汁稍微放一点，这样就去调了。再加上番茄汁的选择问题，做出来的酒一定不会好喝。

我们会把噏汁的用量加大，在 10 毫升以上、15 毫升以下。它的用量加大之后，会去掉番茄汁里面那些不受欢迎的味道，比如腥味。柠檬汁的用量也要大一些，酸度增强，能起到同样的作用。芹菜则用来增香，最后加上黑胡椒粉。

血腥玛丽要用拉制的方法来做，为什么呢？就是因为噏汁和辣椒仔这两种东西在里面。单喝一口噏汁，你会发现它的味道非常尖锐，而且调味料的味道非常重。拉制就是让它氧化，让那种气味走掉一部分，尖锐的味道会变软。而且一定要长距离拉，短距离是不行的。要让它跟空气完全接触，用杯子接住的时候是翻滚的，有继续氧化的作用，会有很多气泡出来。流速要掌握好，不是很快的一个水柱下来，而是细细的水柱。

这个过程持续一段时间，你再去闻，就会发现香味慢慢出来了。香味出来之后，我们使用加冰块的呈现方式，让冰在杯中起到一部分的稀释作用。做完之后，放上芹菜和一片柠檬，再增一点点香，然后撒上黑胡椒粉，这杯酒就完成了。

那么它喝上去是什么感觉呢？番茄汁的味道并不太重，而且噏汁起到了很大的作用，把番茄汁的腥味去掉了，留下了噏汁和辣椒仔的味道。柠檬汁的作用也很大：它酸化了很多风味，把番茄汁的甜味抽了出来。这杯酒就好喝了。

所以，血腥玛丽不应该是一杯难喝的酒。只要你把所有细节都掌握好，这款酒出来一定会非常好喝。

213

血腥玛丽

BLOODY MARY

大都会
COSMOPOLITAN

- 配方 -

22.5毫升 坎特一号伏特加

15毫升 君度橙酒

15毫升 蔓越莓汁

22.5毫升 青柠汁

装饰: 橙皮卷

- 步骤 -

❶ 将所有原料倒入摇酒壶, 加冰摇匀。

❷ 滤入马天尼杯, 以橙皮卷装饰。

　　大都会可以说是全世界知名度最高的一款鸡尾酒了, 尤其是在20世纪90年代, 美剧《欲望都市》热播, 剧中的女主角经常点这杯酒, 让它红极一时。

　　大都会是一款诞生于20世纪80年代的现代经典。至于是谁发明的, 说法不一。著名鸡尾酒作家格瑞·里根 (Gaz Regan) 认为, 是迈阿密南海滩斯特兰德餐厅 (Strand Restaurant) 的女调酒师谢丽尔·库克 (Cheryl Cook) 发明了它, 后来曼哈顿调酒师托比·切基尼 (Toby Cecchini) 对库克的配方进行了改良, 并让它真正流行起来。

　　这款酒的配方是伏特加、橙皮利口酒、蔓越莓汁和青柠汁。其中橙皮利口酒和蔓越莓汁的比例一定要掌握好。很多人做大都会失败了, 就是因为这个比例不对。橙皮利口酒和蔓越莓汁的量应该是差不多的。橙皮利口酒很抢味道, 如果蔓越莓汁放少了, 苦味就出现了, 酸度会不够。

　　我在欧洲和澳大利亚喝到过很多失败的大都会, 非常难喝。所以, 橙皮利口酒和蔓越莓汁的量一定要把握好。这杯酒很多人在做, 但做得好的不多。

奇奇
CHI CHI

- 配方 -

45毫升 坎特一号伏特加
30毫升 椰子奶油
30毫升 新鲜菠萝汁

- 步骤 -

❶ 将所有原料倒入摇酒壶,加冰摇匀。
❷ 滤入加有冰块的老式杯。

奇奇的发明者是谁并没有确切的说法,但很多人认为是提基之父——海滩流浪汉先生。二十世纪七八十年代,这款充满热带风情的鸡尾酒在美国非常流行。

它的配方是伏特加、椰子奶油和菠萝汁。但要注意,菠萝汁里面有果酸,会让牛奶结块。所以,我们在摇的时候要把它摇得非常均匀。奇奇做失败的人很多,没做好的话奶油会结块,整杯酒就分层了。

莫斯科骡子
MOSCOW MULE

- 配方 -

45毫升 坎特一号伏特加
用来加满的姜汁啤酒
1个青柠角的汁

- 步骤 -

❶ 将伏特加倒入装有冰块的黄铜马克杯。

❷ 挤入青柠角的汁,再把青柠角放入杯中。

❸ 加满姜汁啤酒,轻轻搅拌一下。

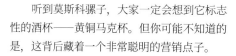
听到莫斯科骡子,大家一定会想到它标志性的酒杯——黄铜马克杯。但你可能不知道的是,这背后藏着一个非常聪明的营销点子。

莫斯科骡子诞生于 1941 年。有一天,美国酒公司休布兰兄弟(Heublein Brothers)的总裁约翰·马丁(John Martin)和伏特加部门负责人鲁道夫·库奈特(Rudolph Kunett)正在跟公鸡与公牛(Cock 'n' Bull)姜汁啤酒的总裁一起喝酒。他们突然灵机一动:为什么不把自己的品牌放在一起调酒试试看呢?结果,伏特加和姜汁啤酒调在一起居然特别好喝。莫斯科骡子就这样诞生了。

而铜杯则是约翰·马丁在美国推销斯米诺伏特加时想出来的点子,他会把铜杯和斯米诺送给不同城市的酒吧,然后让调酒师拿着它们拍照,照片放在酒吧里做展示,结果成功引起了人们的注意,让莫斯科骡子风靡起来。

黑俄罗斯
BLACK RUSSIAN

(223页图左)

白俄罗斯
WHITE RUSSIAN

(223页图右)

- 配方 -

40毫升 深蓝伏特加

40毫升 咖啡利口酒

- 配方 -

30毫升 深蓝伏特加

30毫升 咖啡利口酒

半对半奶油漂浮

- 步骤 -

将所有原料倒入装满冰块的
酒杯，搅拌均匀。

- 步骤 -

❶ 将伏特加和咖啡利口酒倒入装满
冰块的酒杯，搅拌均匀。

❷ 加上一层半对半奶油漂浮。

虽然名字里有"俄罗斯"，但这两款酒的诞生和俄罗斯没什么关系，只是因为它们都用到了伏特加，才以"俄罗斯"来命名。

黑俄罗斯是 1949 年布鲁塞尔大都会酒店的调酒师为当时的美国驻卢森堡大使特意创作的。当时以美国和苏联为主的"冷战"刚开始不久，这位调酒师居然用俄罗斯特产伏特加给美国大使调酒，可以说是非常冷幽默了。

黑俄罗斯的原料是伏特加和咖啡利口酒，酒体是黑色的，所以才会叫作黑俄罗斯。但是我发现，很多调酒师以为伏特加加可乐就是黑俄罗斯，这是极其错误的。我们店里有

很多客人就在别的地方喝过这种"黑俄罗斯"，让我哭笑不得。

白俄罗斯就是在黑俄罗斯的基础上加入一层白色的奶油漂浮。它可能是 20 世纪 50 年代或 60 年代诞生的，它的首个书面配方刊登在 1965 年加利福尼亚奥克兰的一份报纸上。

白俄罗斯应该是分层的。我的建议是用半对半奶油，重奶油太腻了，半对半奶油更清爽。有的酒吧会用百利来做，这是不对的。用百利做出来的是另外一款鸡尾酒——泥石流。

在制作时，这两款酒的搅拌时间都应该长一点，出水量多一点，因为咖啡利口酒的糖分比较高，要避免把它们做得过于甜腻。

性感沙滩
SEX ON THE BEACH

- 配方 -

60毫升 深蓝伏特加

15毫升 桃子利口酒

15毫升 香博

45毫升 新鲜橙汁

45毫升 蔓越莓汁

装饰：**橙圈**

- 步骤 -

❶ 将所有原料倒入摇酒壶，加冰摇匀。

❷ 滤入加有冰块的高球杯，以橙圈装饰。

看到这款酒，你可能会觉得很奇怪："咦？怎么会讲性感沙滩呢？"

的确，性感沙滩是 20 世纪 80 年代的代表性鸡尾酒，而那个时代也被称为鸡尾酒的黑暗期。当时人们不会花很多钱和心思在调酒上，喜欢用商业果汁，装饰很花哨，就像现在的网红店一样，快速消费。

我为什么要教大家这款鸡尾酒呢？

因为作为调酒师，我们先要考量鸡尾酒是否好喝。鸡尾酒为什么会流传下来？因为好喝。我们要考证好喝的配方，而不是因为一款酒名声不太好，就轻易地去否定它。

性感沙滩诞生在美国佛罗里达。当时有一款桃子利口酒刚刚上市，在佛罗里达一家酒吧工作的调酒师泰德·皮奇奥（Ted Pizio）为了提高它的销量，特意用它创作了一款全新的鸡尾酒。因为每年都有很多大学生在放春假时去佛罗里达派对狂欢，泰德就给这款酒取了一个很狂野的名字——性感沙滩。

这款酒的配方是伏特加、桃子利口酒、香博、橙汁、蔓越莓汁。香博以前是法国皇室御用餐后酒，工艺比较好，用了很多莓果，能够增加香气。橙汁，之前的调酒师会用盒装的，现在我们用鲜榨的。这样做出来的性感沙滩一定会很好喝。

喔喔
WOO WOO

- 配方 -

30毫升 深蓝伏特加
30毫升 桃子利口酒
用来加满的蔓越莓汁

- 步骤 -

将所有原料倒入高球杯, 直接在杯中加冰搅匀。

为大家介绍一款四五十年前的酒——喔喔。喔喔是"亲密"的意思。这款酒很香甜,我店里有很多女孩子喝。

喔喔的发明者没有确切记载。有人说,它像性感沙滩一样,是为了在美国市场推广桃子利口酒而发明的, 也有人说, 它是优鲜沛(Ocean Spray) 公司为了推广自家的蔓越莓汁而发明的。

从喔喔的配方来看, 这两种说法都有可能, 因为它的原料是伏特加、桃子利口酒和蔓越莓汁。

其实喔喔是一款很简单的酒。但要注意,桃子利口酒不要放太多, 不然会发苦。

另外它不需要装饰。我之前也强调过,不是所有的鸡尾酒都需要加装饰。举个例子,国际调酒师协会就给我们留下了不好的记忆:它规定老式鸡尾酒必须用酒渍樱桃来装饰,结果很好的酒被弄坏了。

放装饰要契合实际。比如莫吉托一定要用薄荷增加香气。80% 以上的鸡尾酒不用放装饰, 就像川菜, 有位顶级川菜厨师曾经跟我说,80% 的川菜其实是不麻不辣的。顶级大厨只用简单食材就能做出完美风味。

经典鸡尾酒原料都很少, 只有两三种,最多的可能是新加坡司令, 有八种。我一直提倡调酒师要简单, 简单也能做出完美风味。

基酒

伏特加

家族

马天尼

杯型

碟形杯

袋鼠鸡尾酒
KANGAROO COCKTAIL

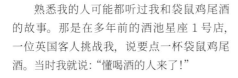

- 配方 -

70毫升 坎特一号伏特加

20毫升 仙山露特干味美思

装饰：橄榄和柠檬皮卷

- 步骤 -

❶ 将所有原料倒入调酒杯，加冰搅匀。

❷ 滤入杯中，以穿在酒签上的橄榄和柠檬皮卷装饰。

熟悉我的人可能都听过我和袋鼠鸡尾酒的故事。那是在多年前的酒池星座1号店，一位英国客人挑战我，说要点一杯袋鼠鸡尾酒。当时我就说："懂喝酒的人来了！"

因为袋鼠鸡尾酒还有另外一个名字，就是伏特加马天尼。虽然伏特加马天尼人人都知道，但它的原名——袋鼠鸡尾酒却鲜为人知。还好我很早就知道了这个名字，才把这杯酒做了出来，否则就要出丑了。

袋鼠鸡尾酒出现在20世纪50年代的好几本鸡尾酒书里，比如大卫·恩波里（Daivd Embury）的《调酒的艺术》（*The Fine Art of Mixing Drinks*）。至于为什么要把伏特加马天尼叫成袋鼠鸡尾酒，书里并没有说明。

袋鼠鸡尾酒和干马天尼很相似。如果你认真学习过干马天尼，一定能轻松做出一杯好喝的袋鼠鸡尾酒。

雪国
YUKIGUNI

- 配方 -

60毫升 坎特一号伏特加
30毫升 君度橙酒
30毫升 新鲜柠檬汁
装饰：糖圈

- 步骤 -

❶ 取一个马天尼杯,用杯沿在新鲜切开的橙肉上转一圈,沾上橙汁,然后均匀蘸上半圈糖粉。

❷ 将所有原料倒入摇酒壶,加冰摇匀。滤入马天尼杯。

Yukiguni 在日文里的意思是雪国，而这杯酒需要用到糖圈来装饰。雪国是从鸡尾酒比赛中出来的一款鸡尾酒。1958 年，寿屋——也就是三得利的前身举办了一场鸡尾酒大赛。一位叫井山计一的调酒师用雪国这款酒参赛，结果获得了第一名。

雪国的配方很简单：伏特加、橙皮利口酒和青柠汁。它再一次证明，经典鸡尾酒并不靠复杂的配方取胜。

雪国成为鸡尾酒大赛的冠军之后，受到了全日本调酒师的欢迎，出现在很多酒吧的酒单上。不同城市的鸡尾酒爱好者更是纷纷前往井山计一在东京开的酒吧 Kern，只为喝上一杯他调的雪国。

井山计一 1926 年出生，2021 年 5 月逝世。去世之前，年逾九旬的他仍然坚持每周去吧台后调酒，是无数调酒师心中的传奇和楷模。

巴拉莱卡
BALALAIKA

- 配方 -

60毫升 坎特一号伏特加
30毫升 君度橙酒
30毫升 新鲜柠檬汁

- 步骤 -

❶ 将所有原料倒入摇酒壶，加冰摇匀。
❷ 滤入马天尼杯。

　　前面我们学习了一款日本经典——雪国，巴拉莱卡和它非常相似，只不过用柠檬汁代替了青柠汁，另外杯口没有糖圈。

　　巴拉莱卡其实是俄罗斯的一种民族乐器——三弦琴。那么以巴拉莱卡为名的鸡尾酒自然是以伏特加为基酒的。有人把巴拉莱卡称作是伏特加边车，因为它的配方和边车很像，除了基酒不一样。

　　边车此前也介绍过了，它是一款代表性酸酒，采用的是经典的211比例。巴拉莱卡也是一样，三种原料的比例也是2：1：1。

螺丝刀
SCREWDRIVER

- 配方 -

45毫升 深蓝伏特加
用来加满的新鲜橙汁
装饰：**橙片**

- 步骤 -

❶ 将伏特加倒入加有冰块的高球杯，
　　然后加满橙汁。
❷ 以半片橙子装饰。

螺丝刀属于高球鸡尾酒家族，因为它是用烈酒加软饮做成的——伏特加加橙汁。

螺丝刀不是任何调酒师的发明，而是源于劳动人民的智慧。据说 20 世纪 50 年代在波斯湾工作的美国石油工人喜欢在橙汁里兑点伏特加，让工作变得不那么枯燥。油田里没有勺子，所以他们会用螺丝刀来搅拌伏特加和橙汁，这正是螺丝刀这个名字的起源。

和威士忌高球一样，螺丝刀也是很容易做的一款酒，在家里就可以做。唯一要注意的是，最好使用新鲜橙汁。

咸狗
SALTY DOG

- 配方 -

45毫升 深蓝伏特加
90毫升 新鲜西柚汁
装饰：盐圈和西柚角

- 步骤 -

❶ 取一个老式杯,用杯沿在新鲜切开的柠檬肉上
转一圈,沾上柠檬汁,然后均匀蘸上半圈盐。

❷ 将所有原料倒入加有冰块的老式杯搅匀,以西
柚角装饰。

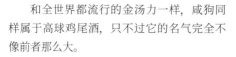

和全世界都流行的金汤力一样,咸狗同样属于高球鸡尾酒,只不过它的名气完全不像前者那么大。

它的配方同样很简单:伏特加加西柚汁。但跟金汤力不同的是,它要加上盐圈装饰。

咸狗应该诞生在20世纪50年代,它是从另一款鸡尾酒——灰狗(Greyhound)衍生而来的。灰狗的原始配方是金酒加西柚汁,但是后来基酒变成了伏特加,而且它是没有盐圈的。所以,没盐圈的是灰狗,有盐圈的是咸狗。有时候,经典鸡尾酒的命名也是非常有趣的。

蓝色珊瑚礁
BLUE LAGOON

- 配方 -

40毫升 坎特一号伏特加
20毫升 蓝橙皮利口酒
用来加满的柠檬汽水
装饰：柠檬圈

- 步骤 -

❶ 将伏特加和蓝橙皮利口酒倒入加有冰块的
高球杯，加满柠檬汽水。

❷ 用吧勺轻轻搅拌一下，以柠檬圈装饰。

就跟教父鸡尾酒一样，蓝色珊瑚礁也跟1980年上映的电影同名，由美国著名女明星波姬·小丝主演，票房非常高。

不过，蓝色珊瑚礁鸡尾酒的诞生年代要比电影早。它是20世纪六七十年代被发明出来的，发明者是巴黎哈利纽约酒吧的安迪·麦克艾霍恩（Andy MacElhone）——看到这个姓，大家应该能猜到，他正是哈利纽约酒吧创始人哈利·麦克艾霍恩的儿子。

和它的名字一样，这杯酒的颜色是蓝色的，令人想起梦幻般的蓝色海洋。但它的口感其实并不像典型的热带风情鸡尾酒那样偏甜，而是偏干的。

火之吻
KISS OF FIRE

- 配方 -

30毫升 深蓝伏特加
20毫升 黑刺李金酒
15毫升 仙山露特干味美思
10毫升 新鲜柠檬汁
装饰：糖圈

- 步骤 -

❶ 取一个碟形杯，用杯沿在新鲜切开的橙肉上转一圈，沾上橙汁，然后均匀蘸上半圈糖粉。

❷ 将所有原料倒入摇酒壶，加冰摇匀。滤入碟形杯。

火之吻——美国爵士之王路易斯·阿姆斯特朗出过一首同名作品。我本人很喜欢，不知道大家有没有听过？

不过，这款鸡尾酒的诞生地是日本。在本书的金酒鸡尾酒部分有一款青色珊瑚礁（第104页）——它是第二届日本鸡尾酒大赛的冠军作品。而这款火之吻则是1953年第五届日本鸡尾酒大赛的冠军作品，作者是石岗贤司。它相当于在伏特加马天尼的基础上加入了黑刺李金酒和柠檬汁，一款色泽和风味完全不同的鸡尾酒就诞生了。

TEQUILA

COCKTAILS

第六章

特其拉鸡尾酒

玛格丽特
MARGARITA

(246页图)

- 配方 -

60毫升 1800龙舌兰酒(Blanco)
30毫升 君度橙酒
30毫升 新鲜青柠汁

装饰：盐圈

- 步骤 -

❶ 取一个碟形杯,用杯沿在新鲜切开的青柠果肉上转一圈,沾上青柠汁,然后均匀蘸上半圈喜马拉雅岩盐。

❷ 将所有原料倒入摇酒壶,加冰摇匀。

❸ 滤入准备好的碟形杯。

冰冻玛格丽特

(247页图)

- 配方 -

60毫升 1800龙舌兰酒(Blanco)
30毫升 君度橙酒
30毫升 新鲜青柠汁

装饰：盐圈

- 步骤 -

❶ 取一个马天尼杯,用杯沿在新鲜切开的青柠果肉上转一圈,沾上青柠汁,然后均匀蘸上半圈喜马拉雅岩盐。

❷ 将所有原料倒入搅拌机,加适量冰块搅打成冰沙。

❸ 倒入马天尼杯。

只要是调酒师,肯定都听说过玛格丽特,也做过玛格丽特。

跟著名的边车和大吉利一样,它也属于酸酒家族。酸酒类的酒可以把基酒改掉,而玛格丽特正是把基酒改变后得到的一款酒。它用的基酒是特其拉——这里要特意说明一下,目前国内很多人都把tequila翻译成"龙舌兰酒",但我倾向于用"特其拉"来表示,因为用龙舌兰酿的酒不只有特其拉,还有梅斯卡尔(mezcal)等。而且墨西哥特其拉国际商会在几年前进入中国时用的官方翻译就是"特其拉"。

关于玛格丽特的起源，至少有不下十种说法。其中一个说法是，这款酒是美国人约翰·德尔勒瑟（John Durlesser）创作的。当时他是洛杉矶一家酒吧的调酒师主管，凭借玛格丽特在 1949 年的全美鸡尾酒大赛赢得了金奖。不过他在此后的一次采访中表示，他在 1937 年就创作了这款酒，目的是为了纪念自己曾经的女朋友——她的名字就叫作玛格丽特，在一次打猎中她被流弹击中而去世了。这是一个真实的事情，虽然很多人觉得他是用这件事来炒作这杯酒。

玛格丽特的配方是两份特其拉、一份君度橙酒、一份青柠汁。它做出来应该是纯洁的白色，但现在很多人做出来是黄色的，因为他们用了金特其拉，但应该要用银特其拉。然后，它要用盐边杯。我估计调酒师都不知道盐圈杯的名字吧，就叫它盐圈杯，其实它有一个很漂亮的学名，叫作雪杯（snow glass），因为盐就像雪一样撒在上面。不管蘸盐还是蘸糖，这种形式我们都会统称作 snow glass。

现在我们做盐边，最多做到三分之二，有的甚至完全不做，因为现代人崇尚少盐。这个盐可以很考究，我们店用的是岩盐，也就是喜马拉雅粉盐。我甚至还看到过有人用夏威夷黑盐。千万不要用精制盐，因为它的咸味太刺激了，而喜马拉雅岩盐是非常柔和的。黑盐则是更高级的，但市面上很难买得到。

玛格丽特也演变出了冰冻版本——冰冻玛格丽特（Frozen Margarita）。在搅拌机出现之前，它用的碎冰是需要人工敲碎的，需要敲得非常碎。再后来又出现了更先进的雪泥机，把原料一倒就可以了。但我们店是不会用雪泥机的，要尊重这款鸡尾酒，还是希望调酒师能够亲手把它调制出来。雪泥机每杯做出来味道都一模一样——不能说这个机器不好，但做出来的酒总是缺乏生命力。

我们为什么要恢复古典鸡尾酒呢？就是要让它变成有生命的酒。从一本一百年前书上的配方，变成活灵活现地出现在你面前的一款鸡尾酒。我喝过很多鸡尾酒，觉得它们就是一杯死去的鸡尾酒。比如干马天尼，水汪汪的，让人感觉不舒服。但是一旦喝到一杯跳跃性的酒，你就会觉得它活灵活现。通过调酒师的手法制作出来之后，它变得重新有生命了。所以，所谓复刻之前的经典鸡尾酒，就是要赋予它新的生命。

玛格丽特是六七十年前的一款酒，但是通过我们的手做出来，让它变得跟你、跟他都有关系，并不是给你喝也是这个、给他喝也是这个。这样就好像有了一百种玛格丽特，会有生命在里面。

很多人会在做完玛格丽特之后放一个装饰，比如放一小片青柠。以前在制酒的时候这种装饰很少，甚至有的酒根本就不需要放装饰。我们在制作玛格丽特的时候，所谓装饰就是它的盐圈。

玛格丽特应该是酸甜平衡的。我喝到过很失败的玛格丽特：有的特其拉的味道太重，有的太酸，有的会发苦，因为君度放太多了。所以我还是追求标准的配方——2：1：1。

我觉得唯一可以做微调的就是酸度。为什么很多鸡尾酒放酸的东西在里面？其实酸度是可以调出甜味的。太酸不行，会把甜味压下，而适量的酸味能够把甜味带出来。君度是非常甜的：把君度放进嘴里抿一下，你会发现它甜得发苦。但是加了青柠汁，这种腻的甜味就没有了，变成了清爽的甜味。所以玛格丽特的酸度可以微调。但君度的量就不需要调了，因为它已经起到了自己的作用。

至于载杯，它可以用规则和不规则的马天尼杯。我们店里用的是异形马天尼杯。传统马天尼杯是三角形的，太单一了，我会让它变得再美一点。所以，让一杯酒变得漂亮不一定非要用装饰，用载杯也可以。

在静止状态拍玛格丽特的时候，用漂亮和不漂亮的载杯是完全不同的两种效果：一个看上去很高雅，一个看上去"这杯酒就值 20 块钱"！所以载杯的选择也非常重要。现在，很多酒吧对载杯也越来越重视，但也有很多酒吧还是比较随意，甚至载杯上带有各种各样的品牌标志。我们开店二十年，从来不允许酒杯上出现品牌标志。也就是说，所有的杯子都要自己购买回来。当时的杯子没那么多，我们也没得选择。现在杯子选择越来越多，但也没必要用非常奇形怪状的杯子。作为调酒师，对杯子要非常了解。

维拉万岁
VIVA VILLA

- 配方 -

60毫升 1800龙舌兰酒（Blanco）
30毫升 君度橙酒
30毫升 新鲜柠檬汁
装饰：盐圈

- 步骤 -

❶ 取一个老式杯，用杯沿在新鲜切开的柠檬果肉上转一圈，沾上柠檬汁，然后均匀蘸上半圈喜马拉雅岩盐。

❷ 将所有原料倒入摇酒壶，加冰摇匀。

❸ 滤入装有冰块的老式杯。

在西班牙语中，Viva 是万岁的意思，而 Villa 指的是 20 世纪初墨西哥革命领袖潘乔·维拉。有一部 1933 年上映的著名好莱坞电影，名字就叫作《Viva Villa》。

现在我们有据可查的是，1937 年出版的鸡尾酒书《新奥尔良酒饮及其调制方法》（*New Orleans Drinks and How to Mix 'Em*）里面收录了维拉万岁的配方。

大家可以注意一下维拉万岁跟玛格丽特的区别。这两款酒的配方非常有意思。玛格丽特是特其拉、青柠加君度，维拉万岁是特其拉、柠檬加君度，但必须加冰块饮用。

大家可能很容易把这两款酒混淆，会觉得维拉万岁不过是加了冰块的玛格丽特而已。但是把青柠换成黄柠之后，风味会有微妙的改变。而且维拉万岁的风味比玛格丽特柔和，因为它是加冰块饮用的。

帕洛玛
PALOMA

- 配方 -

45毫升 唐·胡里奥珍藏白标龙舌兰
10毫升 龙舌兰糖浆
15毫升 新鲜青柠汁
用来加满的自制西柚汽水
装饰：盐圈和西柚皮卷

- 步骤 -

❶ 将新鲜西柚汁和矿泉水以1：1的比例倒入苏打水机，并
加入适量单糖浆增甜，充气做成西柚汽水。

❷ 将特其拉、龙舌兰糖浆和青柠汁倒入摇酒壶，加冰摇匀。

❸ 滤入杯沿蘸有盐圈、装满冰块的高球杯，倒满西柚汽水，
轻轻搅拌一下。以西柚皮卷装饰。

在西班牙语中，帕洛玛的意思是白鸽，而这款酒可以说是墨西哥的国民鸡尾酒。

你可能会说，墨西哥国民鸡尾酒不是玛格丽特吗？你错了！虽然玛格丽特的确在全球更有名气，但在墨西哥国内，当地人爱喝的还是帕洛玛。

帕洛玛的配方是特其拉、龙舌兰糖浆、青柠汁、西柚苏打水。特其拉要用100%蓝色龙舌兰特其拉。西柚苏打水在墨西哥很常见，对中国调酒师来说却不容易买到，但是我们可以把它自制出来——将西柚汁和矿泉水混合后充气即可。

本来帕洛玛的调制方法是先把特其拉、龙舌兰糖浆、青柠汁和西柚汁一起摇匀，最后加入西柚苏打水。但是因为我们的西柚苏打水是自制的，所以调制方法要改一下：先把苏打水充气做好，然后把特其拉、龙舌兰糖浆和青柠汁一起摇匀。西柚汁不用一起摇——最后和苏打水一起加进去，做一个轻微的调和就可以了。

另外，帕洛玛要在杯口放盐，而且要用青柠汁来蘸盐圈。这杯酒还是蛮有意思的。

龙舌兰日出
TEQUILA SUNRISE

- 配方 -

45毫升 1800龙舌兰酒（Blanco）
10毫升 红石榴糖浆
用来加满的鲜榨橙汁

- 步骤 -

❶ 将特其拉和橙汁倒入装满冰块的高球杯搅匀。

❷ 倒入红石榴糖浆，轻轻搅拌，让酒液从下到上呈现
出由红到黄的渐变效果。

龙舌兰日出可以说是很多人的入门鸡尾酒，因为它非常简单。但是你不能因为它简单就随便倒：它还是需要制作的，随便倒肯定是不对的。

就像它的名字一样，制作得当的龙舌兰日出应该是有层次的，令人联想到日出。

它的配方是特其拉加橙汁和红石榴糖浆。特其拉我建议用100%蓝色龙舌兰银特其拉。橙汁建议鲜榨，要把果肉去掉。

在制作的时候要像制作其他长饮一样，先把冰块放进去，然后倒进特其拉和橙汁，先搅拌，接着倒进红石榴糖浆，让它自然沉下去，轻微搅拌一下即可。

这杯酒上半部分应该是橙汁的颜色，下半部分是晕红的。因为它叫"龙舌兰日出"，所以红色应该在下面，不应该出现在很高的地方。我们经常会看到龙舌兰日出就是一杯红色的酒，因为调酒师已经把它搅得很匀了。

龙舌兰日出是非常有沙滩度假风情的一款酒，而且知名度也很高。即使是不太会点酒的客人也一定知道它。

但你可能不知道，和龙舌兰日出相对的还有一款龙舌兰日落，配方是特其拉、蜂蜜和青柠汁，摇匀后加碎冰饮用。

碎冰船
ICE BREAKER

- 配方 -

40毫升 唐·胡里奥珍藏白标龙舌兰

20毫升 君度橙酒

30毫升 新鲜西柚汁

5毫升 红石榴糖浆

装饰：盐圈

- 步骤 -

❶ 取一个双重老式杯，用杯沿在新鲜切开的青柠果肉上转一圈，沾上青柠汁，然后均匀蘸上半圈喜马拉雅岩盐。

❷ 将所有原料倒入摇酒壶，加冰摇匀。滤入装满碎冰的杯中。

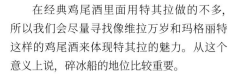

　　在经典鸡尾酒里面用特其拉做的不多，所以我们会尽量寻找像维拉万岁和玛格丽特这样的鸡尾酒来体现特其拉的魅力。从这个意义上说，碎冰船的地位比较重要。

　　Ice Breaker 一般翻译成碎冰船，其实也有碎冰机的意思。这是一款《日本调酒师协会鸡尾酒手册》里收录的酒，我在日本的时候它很流行。

　　碎冰船的颜色是淡红色的，但颜色和甜度都可以微调：颜色通过调整红石榴糖浆的量来实现，甜度通过调整君度的量来实现。另外，它也是需要盐圈装饰的。

玛塔多
MATADOR

- 配方 -

45毫升 唐·胡里奥珍藏白标龙舌兰
20毫升 君度橙酒
20毫升 新鲜青柠汁
45毫升 新鲜菠萝汁
装饰：菠萝片

- 步骤 -

❶ 将所有原料倒入摇酒壶，加冰摇匀。
❷ 滤入杯中，以一片新鲜菠萝装饰。

提到用特其拉做的经典鸡尾酒，你第一时间会想到什么？

肯定是玛格丽特吧！

玛塔多可以说是玛格丽特的升级版：它在经典玛格丽特的基础上添加了菠萝汁，一款全新的鸡尾酒就诞生了。

大家还记得我此前提到过的商人维克吗？他又要出场了！他在1972年出版的《商人维克调酒指南》(Trader Vic's Bartender's Guide) 中记录了玛塔多的配方，不过他不能算是它的发明者，因为早在20世纪60年代玛塔多就已经诞生了。

在二十世纪六七十年代，玛塔多在美国非常流行，但它后来慢慢被人们遗忘了。这是非常可惜的，因为我前面也说过，用特其拉做的经典鸡尾酒并不常见。

丝袜鸡尾酒
SILK STOCKING COCKTAIL

- 配方 -

40毫升 唐·胡里奥珍藏白标龙舌兰

40毫升 白可可利口酒

40毫升 半对半奶油

1吧勺 红石榴糖浆

- 步骤 -

❶ 将所有原料倒入摇酒壶,加冰轻轻摇匀。

❷ 滤入碟形杯。

　　说起丝袜鸡尾酒,我永远记得有个小插曲。有一年做比赛评委,20个调酒师有16个抽到了丝袜鸡尾酒,结果我喝了一下午,那个感觉真的很难忘。

　　丝袜鸡尾酒是什么意思呢?大家可能会想起中国的丝袜奶茶。没错,这款酒的口感应该是极其丝滑、很容易入口的。

　　它的配方在《日本调酒师协会鸡尾酒手册》中有收录,原料包括特其拉、可可利口酒、半对半奶油和红石榴糖浆。用特其拉做的经典鸡尾酒很少,而用特其拉搭配奶制品调制的经典鸡尾酒更是少之又少。从这个意义上说,如果你掌握了丝袜鸡尾酒,就说明你的层次已经在普通调酒师之上了。

特其拉知更鸟
TEQUILA MOCKINGBIRD

- 配方 -

60毫升 唐·胡里奥珍藏白标龙舌兰
15毫升 绿薄荷利口酒
10毫升 单糖浆
15毫升 新鲜青柠汁
装饰：薄荷叶

- 步骤 -

❶ 将所有原料倒入摇酒壶，加冰摇匀。
❷ 滤入马天尼杯，以薄荷叶装饰。

有一部很有名的美国小说，不知道大家有没有看过，叫《杀死一只知更鸟》。这款鸡尾酒就是根据这本小说命名的。

小说出版于1960年，后来还改编成了电影，主角是主演过《罗马假日》的格里高利·派克。而这款鸡尾酒应该诞生在20世纪60年代。因为配方里有绿薄荷利口酒，所以它的酒体是非常清新的绿色。

之所以推荐这款酒，是因为它是比较少见的用特其拉做的经典鸡尾酒，而且特其拉和薄荷的搭配也很新鲜，可以拓展我们对风味搭配的理解。

恶魔

EL DIABLO

- 配方 -

40毫升 1800龙舌兰酒（Blanco）
20毫升 黑加仑利口酒
30毫升 新鲜青柠汁
用来加满的干姜水
装饰：青柠角

- 步骤 -

❶ 将除了干姜水之外的所有原料倒入摇酒壶，加冰摇匀。

❷ 滤入装有冰块的高球杯。挤入一个青柠角的汁，再把青柠角放入杯中。

❸ 加满干姜水。

在本书的朗姆酒鸡尾酒部分，迈泰这款酒引出了两位提基大佬之争：一位是商人维克，另一位是海滩流浪汉先生。最后，商人维克胜出，被认定为迈泰的发明人。

这款名为恶魔的鸡尾酒也是商人维克的发明，而且没有争议。因为他在1946年出版过一本书，叫作《商人维克的餐饮书》（*Trader Vic's Book of Food and Drink*），里面就有这款原创配方，只不过名字叫作"墨西哥恶魔"。后来他把名字缩减了一下，变成了"恶魔"。

虽然名字叫恶魔，但这款酒的配方其实并没有那么可怕，是一杯偏清爽的鸡尾酒。

OTHER

COCKTAILS

第七章

其他鸡尾酒

热红酒
MULLED WINE

- 配方 -

1瓶 红葡萄酒

1瓶 新玛利珍匣长相思白葡萄酒

100克 白糖

1个 橙子

1个 苹果

5根 肉桂

5～6颗 丁香

装饰：肉桂棒和橙片

- 步骤 -

❶ 将橙子和苹果切片后放入平底锅，然后放入折断的肉桂和丁香。

❷ 倒入白葡萄酒，加热至沸腾。

❸ 转小火，加入白糖，继续加热一段时间。

❹ 将酒液滤出，作为热红酒的底酒使用。

❺ 按照1：2的比例，将底酒和红葡萄酒倒入平底锅加热，煮至温热即可，无须沸腾。

❻ 在玻璃马克杯中放一根肉桂棒，倒入热红酒，以橙片装饰。

　　热红酒是一款热气腾腾、家家户户都可以做的鸡尾酒，而且每家每户做出来的味道都不一样。我的这个配方来自德国，是我的一个徒弟去澳大利亚留学时，把这个配方带给我的。

　　顾名思义，热红酒里面一定有红葡萄酒。另外，我还会用到白葡萄酒、新鲜水果（橙和苹果）、香料（丁香和肉桂）和白糖。白糖的具体用量可以根据个人口味来进行调整。

秀兰·邓波儿
SHIRLEY TEMPLE

(无酒精鸡尾酒)

- 配方 -

15毫升 红石榴糖浆
用来加满的姜汁啤酒
装饰：青柠角

- 步骤 -

❶ 将一个青柠角的汁挤入装满冰块的
酒杯，然后将青柠角放入杯中。

❷ 慢慢倒入姜汁啤酒。

❸ 倒入15毫升红石榴糖浆，轻轻搅拌。

　　秀兰·邓波儿是一款非常经典的无酒精鸡尾酒，到现在已经有好几十年了。秀兰·邓波儿这个人大家都应该知道：她是20世纪30年代著名的好莱坞童星，能歌善舞，非常可爱。后来她又步入了政坛，参加过美国国会议员竞选。这杯酒正是以她的名字命名的。

　　关于这杯酒的诞生没有确切的记载。一个比较常见的说法是它诞生在20世纪30年代。当时好莱坞一家名叫蔡森（Chasen's）的餐厅为正当红的秀兰·邓波儿特意创作了它。它的配方是红石榴糖浆、青柠汁和姜汁啤酒——很简单的一款无酒精鸡尾酒。为什么会用到这些材料？红石榴糖浆能带来非常漂亮的嫩粉色，青柠汁则增加了一点酸度。

　　其实经典无酒精鸡尾酒还有很多，比如水果宾治（Fruit Punch）。而且无酒精鸡尾酒也可以有多种多样的做法和演变。但是现

在很多国内调酒师做无酒精鸡尾酒都是随意发挥。对于我来讲，无酒精鸡尾酒第一个要考量的是它们的颜色是不是漂亮，第二是它们用的所有果汁是不是新鲜，香气是不是饱满。现在很多无酒精鸡尾酒都没什么香气，包括很多人会去点的无酒精莫吉托。

　　现在很多人不知道该怎么把一杯无酒精鸡尾酒做好。他们觉得两种果汁一倒、加个碳酸水或是另外一个什么材料，总之是甜的就可以了。其实，我们对无酒精鸡尾酒还有很多考量。颜色、酸度、口味、果汁新鲜度、气泡水的充气程度都会给一款无酒精鸡尾酒带来很大的影响。

　　现在还有很多人爱用糖浆，动不动就拿糖浆加个苏打水，一杯无酒精鸡尾酒就出来了。这种很简单的做法——加大量的糖浆在里面——我觉得不太好。糖浆里面毕竟还是

有很多色素、香精之类的东西。我希望用纯天然的东西来做，像热情果，现在都可以买得到，不像以前很难买到。还有橙汁、菠萝汁，都可以鲜榨。

当下全球调酒界刮起了一股无酒精鸡尾酒风潮，其实我觉得这还要看个人。我本人就不太喝无酒精的鸡尾酒，为什么呢？因为来酒吧我就是要来喝酒的。当然，开车的人可以点无酒精鸡尾酒。归根到底，饮酒是一件很私人的事情，我不会因为流行而去喝酒。

现在你去酒吧点一杯无酒精鸡尾酒，很可能就是热情果糖浆加苏打水，搅拌一下就上桌。制作上面好像把我们调酒师贬得很低。调酒师是要有一定技术的，就像我们做水果潘趣，对摇酒的要求比较高，用冰的要求也比较高，制作过程非常考量调酒师。

千万不要说调酒师做无酒精饮料就像街边做一杯饮品，因为饮料可以用机器来做，不一定需要人。我们调酒师来做的话就一定要根据客人的不同要求——他不要过甜的、他不要过酸的——进行临时调整，不能固执于一个标准，一定要这个样子来做。调酒师做出来的无酒精鸡尾酒一定跟街边的饮品店是不一样的：不是放在一次性杯子里面，插一根吸管，一边走一边喝。我们希望客人能够在里面品出很多的味道。

水果潘趣为什么会放那么多水果和果汁？就是为了让它有复杂度。你觉得像在喝橙汁，但是里面又有西柚、菠萝汁的香味，又有柠檬的酸味，所以对调酒师来说这也是一种考量。

要知道，制作有酒精的鸡尾酒是我们的工作，制作无酒精鸡尾酒也是我们的工作。我们也要把它调好，包括用的载杯，都要做出正确的选择。不是说今天客人不能喝酒，就给他随便做个无酒精鸡尾酒。

对于制作无酒精鸡尾酒的每一种原料都要了解——为什么要用这种原料？比如水果潘趣里面为什么没有芒果？因为芒果一放进去就会变得黏稠，味道也不对了。为什么没有杨桃？因为杨桃很淡，榨汁以后放进去味道可能尝不出来。包括青柠，是要用中国的青柠、泰国的青柠、日本的青柠还是缅甸的青柠？每种青柠的味道都不一样，子的苦味也不一样。比如中国青柠，它没有香味，挤过的皮还有工业化的味道，所以我很不愿意用。

所以，做无酒精鸡尾酒也要像做有酒精鸡尾酒一样去对待，谨慎选材，根据客人的口味进行微调。我也奉劝现在的调酒师，在创作无酒精鸡尾酒的时候最好把自己的作品记录下来。但现在的调酒师不会这么做：你礼拜六去喝了他一杯酒，礼拜一再去喝，他已经忘记了这个配方。从这就看得出来，他是一个缺乏经验的人。

在酒池星座的酒单上，我们有一个专门栏目是无酒精鸡尾酒，有五六款选择，包括秀兰邓波儿、水果潘趣等。它们甚至还有自己专门用的载杯：这款杯子只能用于装秀兰·邓波儿、这款杯子只能用于装水果潘趣……不用专门的杯子是不允许的。

任何酒吧的酒单上都一定要有无酒精鸡尾酒。

秀兰·邓波儿

SHIRLEY TEMPLE

节奏与酿造
RHYTHM & BREW

- 配方 -

45毫升 海曼老汤姆金酒

45毫升 新鲜西柚汁

10毫升 树胶糖浆

用来加满的淡啤酒

装饰：西柚皮卷和现磨肉桂粉

- 步骤 -

❶ 将除了啤酒之外的所有原料倒入摇酒壶，加冰摇匀。

❷ 滤入加有冰块的酒杯，然后加满啤酒，轻轻搅拌一下。

❸ 以西柚皮卷和肉桂粉装饰。

在经典鸡尾酒历史上，啤酒鸡尾酒一直占有一席之地，但现在做的人却非常少。下面我要给大家讲一款啤酒鸡尾酒——节奏与酿造。这款鸡尾酒是2004年在美国被创造出来的，配方稍微有点复杂，有淡啤酒、金酒、西柚汁、树胶糖浆、肉桂和西柚皮。这么多的原料只是为了做一杯啤酒鸡尾酒。

其实在140年前就有了关于啤酒鸡尾酒的书面记载——香迪格夫（Shanty Gaff），也就是姜汁啤酒加啤酒。八九十年前，最出名的啤酒鸡尾酒是薄荷啤酒（Mint Beer）和狗鼻子（Dog's Nose）。狗鼻子是金酒加啤酒，薄荷啤酒是葫芦绿薄荷酒（Get 27）加啤酒。发展到后来，又出现了红眼（Red Eye）——番茄汁加啤酒。再后来，又发展到了半对半（Half & Half），也就是一半深色啤酒加一半淡啤酒。

那么多的啤酒鸡尾酒现在几乎没人做。其实很多人都不会去了解啤酒鸡尾酒。我们店也做得非常少，难得做一杯狗鼻子，因为没有客人会点，我们也没有主动推过。为什么呢？有的啤酒鸡尾酒口味真的一般。就像薄荷啤酒，让你喝绝对是很难喝、喝不下去的。狗鼻子还可以接受，因为它有金酒的香味。红眼，更多人不喜欢，因为里面有番茄汁。

为什么了解啤酒鸡尾酒的人那么少？就是因为大家觉得它们不太好喝，而且不知道怎么去选择啤酒，因为啤酒的种类太多。直到2018年我做酒调，才发现很多人真的不了解啤酒鸡尾酒。这次选择了"节奏与酿造"这款2004年的配方，因为它可以给酒带来很多风味。它用的是淡啤酒，既起到了苏打水的作用，又增加了麦芽的香味。

那么它的名字里面为什么有"酿造"这两个字？因为酿造和啤酒有关系，和别的材料并没什么大的关系。它里面的金酒和西柚汁甜度都不够，所以添加了树胶糖浆。这三种材料要摇匀，倒入放有冰块的长饮杯。然后倒入啤酒，轻轻搅拌就可以了。最后把西柚皮挤进去，放入杯中增香，撒上现磨肉桂粉。这两个原料都是为了增加它香气的复杂度。

这款酒好喝吗？我去年整整做了几百杯，没有一个客人说不好喝的，而且他们也从来没喝过啤酒做的鸡尾酒。去年我带去那么多城市做，所有的客人都说："我第一次喝到用啤酒做的鸡尾酒。"因此，他们也改变了对啤酒鸡尾酒的看法。

2000年以后，啤酒鸡尾酒有所复苏，其中有两款酒最受欢迎：一款是节奏与酿造，还有一款是血腥啤酒（Bloody Beer）。血腥啤酒是从血腥玛丽演化过来的，把伏特加换成了啤酒，同时还放入更多香料。不过就整体而言，知道啤酒鸡尾酒的人还是非常少，只有一部分人在喝。

在鸡尾酒世界里，可以用的酒太多了——有红葡萄酒、白葡萄酒、香槟、威士忌……甚至中国的白酒等，都可以用来调酒。很可惜的是，啤酒鸡尾酒现在做得非常少。我做过那么多比赛的评委，从来没看到有一个人是用啤酒来做鸡尾酒的。

现在啤酒的种类非常之多，你要因人而异去选材。比如IPA（印度淡艾尔啤酒）：你说要喝一个IPA做的鸡尾酒，我觉得可以做，但是一定要选足够好的材料。材料选好了不会难喝。而且不胜酒力的人也可以尝试啤酒鸡尾酒，因为它的酒精度偏低。

我记得有位女客人，我问她："你最不喜欢喝什么？"她说是波本威士忌。然后我说："好，今晚我就用波本威士忌给你做鸡尾酒。"于是我就做了一杯美式早餐，用新鲜西柚汁和枫糖浆去中和波本威士忌的味道，结果她非常喜欢。我对她说："两个盎司的波本威士忌，都让你喝下去了！"

所以，调酒师要学会挑战这种不可能的事。越是不可能，越是要让它变得有可能。很多人不喜欢喝干马天尼，那我就要挑战："你以前喝过怎样的干马天尼？我来帮你做，让你觉得好喝。"很多次客座调酒时，我三个小时里做四款酒，结果80杯里面可能三四十杯都是干马天尼，另外四五十杯是酒单上的那四款酒。

为什么我坚持在书里加入一款啤酒鸡尾酒？因为我希望更多的人能了解它。中国的调酒师也可以想办法去做自己的啤酒鸡尾酒，不要认为啤酒就是一个简单可以喝的饮料。我希望啤酒鸡尾酒能更多地出现在酒吧里，不要冷落了它们。

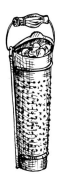

节奏与酿造

RHYTHM & BREW

米兰都灵
MILANO TORINO

- 配方 -

35～40毫升 金巴利苦味利口酒

45毫升 仙山露红味美思

3～4大滴 安高天娜苦精

装饰：橙片和橙皮卷

- 步骤 -

❶ 将所有原料倒入装满冰的老式杯，搅拌均匀。

❷ 以新鲜橙片和橙皮卷装饰。

米兰都灵诞生于19世纪60年代的米兰小金巴利咖啡馆（Caffe Camparino）。它是内格罗尼的前身。没有它，就没有内格罗尼。

米兰都灵只有两种主要原料，金巴利加甜味美思，而且是1∶1的比例。金巴利诞生在米兰，甜味美思诞生在都灵，所以这款酒的名字叫作米兰都灵，简称 Mi-To。

你看，它是一款没有烈酒的鸡尾酒，味道却非常复杂。有的配方可能还会加几滴苦精。装饰是橙皮和橙肉。所以这款酒的香味很好，酒体饱满，口感复杂。

我在内格罗尼（第68页）一篇中讲过不同国家的鸡尾酒风格，而米兰都灵正是一款彰显意大利特色的鸡尾酒。

美国佬
AMERICANO

- 配方 -

30毫升 金巴利苦味利口酒

30毫升 仙山露红味美思

用来加满的苏打水

装饰：柠檬皮卷

- 步骤 -

❶ 将金巴利和甜味美思倒入加满冰块的高球杯。

❷ 加满苏打水，轻轻搅拌一下。

❸ 以柠檬皮卷装饰。

　　和米兰都灵一样，美国佬也是一款意大利鸡尾酒，而且它们的诞生时间和地点也都一样：19世纪60年代，米兰的小金巴利咖啡馆。

　　如果你会做米兰都灵，就一定会做美国佬：它就是在前者的基础上加入了苏打水。

　　据说因为当时在米兰旅游的美国人特别喜欢喝这款酒，所以它才被命名为美国佬。

　　因为加入了苏打水，美国佬的口感更为清淡，非常适合作为餐前酒饮用。

葡萄酒酷乐
WINE COOLER

- 配方 -

30毫升 新鲜橙汁

30毫升 新鲜青柠柠檬混合果汁

15毫升 单糖浆

15毫升 苏打水

用来加满的新玛利珍匣长相思白葡萄酒

- 步骤 -

❶ 将除了白葡萄酒之外的所有原料倒入装满碎冰的
高球杯，充分搅拌均匀。

❷ 在杯中加满碎冰，然后倒满白葡萄酒，再次搅匀。

什么是葡萄酒酷乐？其实本质上就是葡萄酒加果汁和碳酸饮料，虽然简单，但做得好也会很好喝。20世纪80年代，它在欧美国家非常流行。

葡萄酒酷乐没有标准配方，这里我要推荐的配方要用到芳香白葡萄酒——长相思，挤一点点青柠汁和橙汁，然后加苏打水或柠檬水。

葡萄酒酷乐的口感清新怡人，很适合夏天在室外饮用。

红眼
RED EYE

- 配方 -
1份 拉格啤酒
1份 番茄汁

- 步骤 -
❶ 将啤酒和番茄汁先后倒入高球杯。
❷ 轻轻搅拌一下。

　　前面我特意用了长长的篇幅来介绍啤酒鸡尾酒——节奏与酿造（第 272 页）。现在做啤酒鸡尾酒的人太少了，但它们其实是经典鸡尾酒中不可或缺的一部分。我也希望通过自己的推荐，让更多人了解并且爱上啤酒鸡尾酒。

　　红眼的配方非常简单，就是 1：1 的啤酒加番茄汁。现在啤酒的种类很多，我还是推荐拉格啤酒。因为它的风味比较清淡，不会和番茄汁有太大的冲突。如果你想尝试更多风味，可以用其他不同风格的啤酒去做。

阿佩罗橙光
APEROL SPRITZ

- 配方 -

30毫升 阿佩罗利口酒
30毫升 仙山露普赛寇优质干起泡酒
少许苏打水
装饰：橙片

- 步骤 -

❶ 在杯中装满冰块,然后倒入普赛寇和阿佩罗。

❷ 倒入少许苏打水,以橙片装饰。

在意大利,人们非常喜欢在餐前来一杯阿佩罗橙光,尤其是夏天。

阿佩罗橙光诞生在 20 世纪 50 年代,但是汽酒 (Spritz) 本身的历史要长得多。19 世纪晚期,位于意大利北部的威尼斯还是奥匈帝国的一部分。驻扎在那里的奥地利士兵在喝当地产的葡萄酒时喜欢加一点水,也就是 a splash of water,让酒精度变得更低。在德语中,Spritz 是 splash(一点点) 的意思。这就是汽酒最早的起源。

随着时间的推移,汽酒的配方也不断演变:起泡葡萄酒代替了静态葡萄酒,苏打水代替了普通的水。人们还开始在汽酒里加入加强型葡萄酒或利口酒,让风味变得更丰富。

那么汽酒又是怎样和阿佩罗联系在一起的呢? 1919 年,巴尔别里 (Barbieri) 兄弟在威尼斯附近的帕多瓦推出了餐前酒品牌阿佩罗。它具有赏心悦目的明亮色泽,酒精度只有 11 度,非常适合在餐前饮用,很快就受到了人们的欢迎。

1950 年,阿佩罗在意大利电视上大量投放广告,推广自己发明的阿佩罗橙光配方:3 份普赛寇、2 份阿佩罗和少许苏打水。就这样,阿佩罗橙光成为风靡意大利的餐前鸡尾酒。

阿佩罗橙光甚至还创造了一个吉尼斯世界纪录。2012 年,2657 名粉丝聚集在威尼斯圣马可广场上,共同举杯享用阿佩罗橙光,从而创下了"规模最大的阿佩罗橙光干杯"纪录。

要调制一杯好喝的阿佩罗橙光,诀窍在于突出橙味和气泡。它不用调,不需要搅拌,否则普罗塞克的气会走掉。

蛋奶酒
EGGNOG

- 配方 -

50毫升 威凤凰波本威士忌(其他基酒亦可)

200毫升 半对半奶油

1只 鸡蛋(打匀)

5吧勺 白糖

少许 香草

装饰: 肉豆蔻粉

- 步骤 -

❶ 将所有原料放入摇酒壶,用手持搅拌器打发。

❷ 倒入平底锅,一边加热一边搅拌(加热至40℃左右)。

❸ 倒入玻璃马克杯,以现磨肉豆蔻粉装饰。

家族

无

杯型

玻璃马克杯

顾名思义,蛋奶酒是一杯用蛋和奶制品做的酒,而在英文里,nog 是"noggin"的简称,意思是小木杯。很早以前,英国的酒馆里就是用这种小木杯给客人上酒的。

跟之前讲过的热红酒(第 266 页)一样,蛋奶酒也是一款在圣诞节喝的热饮。而且它也没有标准配方,基酒可以用雪利酒、白兰地、威士忌、特其拉等。

做的时候要用基酒加整只鸡蛋、半对半奶油和糖——蔗糖、糖浆、蜂蜜、葡萄糖都可以,但是不能放有风味的糖浆。

要成功地做出一杯蛋奶酒有几个诀窍。首先是鸡蛋的选择。我建议用日本兰王蛋,因为它不但品质好,而且是可以生吃的安全鸡蛋。其次,蛋一定要打匀。最后,这杯酒是放在炉子上做的,温度设置在 30 ～ 40℃。如果太热,蛋会变得太熟。

另外,做的步骤也有讲究:先把蛋打匀,加入奶油搅拌,再加糖,搅拌之后倒入酒。装饰一般是放肉豆蔻,有人会放少许肉桂糖浆,但一定不能放很多有风味的东西。根据现在的口味,你还可以放少许苦艾酒。

翠竹
BAMBOO

- 配方 -

60毫升 佩佩伯父菲诺雪利酒

30毫升 仙山露特干味美思

15毫升 君度橙酒

3大滴 橙味苦精

装饰：橄榄

- 步骤 -

❶ 将所有原料倒入搅拌杯，加冰搅匀。

❷ 滤入马天尼杯，以穿在酒签上的橄榄装饰。

❸ 以柠檬皮增香，柠檬皮不入杯。

　　这是本书第一次专门介绍雪利鸡尾酒。其实，在鸡尾酒刚刚诞生的时候，雪利酒是一种很常见的调酒原料。如果你翻一翻19世纪的调酒书，就会发现里面很多配方是以雪利酒为基酒的。

　　翠竹最早的书面记录来自1886年的一份美国报纸——《西部堪萨斯世界》(Western Kansas World)，里面是这么说的："一款危险的新鸡尾酒被某个英国人发明出来，正在纽约酒吧里变得流行。它包括三份雪利酒和一份味美思，名字叫'翠竹'。"

　　不过，1908年出版的鸡尾酒书《世界酒饮及其调制方法》又有着不同的说法。书里说，翠竹是德国调酒师路易斯·艾平格（Louis Eppinger）在日本横滨大酒店（Grand Hotel）工作时发明的。

　　所以，跟很多经典鸡尾酒一样，翠竹的起源并没有确切的说法。

　　雪利酒有干型和甜型之分。原始翠竹配方用的是干型的菲诺雪利酒，加上干味美思，缺甜，整杯酒的口感是很干的。因此我选择在原始配方中加入少许橙味利口酒，让整杯酒的口感变得更容易被一般人接受。

阿多尼斯

ADONIS

- 配方 -

60毫升 佩佩伯父菲诺雪利酒
30毫升 仙山露红味美思
5大滴 橙味苦精
装饰：路萨朵意大利樱桃和橙皮卷

- 步骤 -

❶ 将所有原料倒入搅拌杯，加冰搅匀。

❷ 滤入碟形杯，以穿在酒签上的路萨朵意大利樱桃和橙皮卷装饰。

　　阿多尼斯也是一款经典的雪莉鸡尾酒。它的配方和翠竹很像：两杯酒都是菲诺雪利酒加味美思，只不过翠竹用的是干味美思，阿多尼斯用的是甜味美思。

　　如果你读过一些老的鸡尾酒书，就会发现它们提到味美思的时候不会写干味美思和甜味美思，而是法国味美思和意大利味美思。这是因为作为味美思的诞生地，意大利酿造的味美思在传统上是甜的，酒液呈红色。后来法国人开始酿造味美思的时候，他们选择了另一种风格——口感干，酒液透明无色。

　　所以，下次你再在老鸡尾酒书里看到法国味美思和意大利味美思就知道了：法国味美思就是干味美思，意大利味美思就是甜味美思。

　　再回到阿多尼斯这款酒。阿多尼斯是希腊神话中的美男子，它和另一款著名经典鸡尾酒罗布罗伊一样，也是诞生在纽约华尔道夫酒店，而且也是为了庆祝一部百老汇戏剧而创作出来的——1884 年开演的《阿多尼斯》。

　　和翠竹一样，一杯成功的阿多尼斯取决于雪利酒和味美思之间的平衡。

绿蚱蜢
GRASSHOPPER

- 配方 -
30毫升 白可可利口酒
12毫升 绿薄荷利口酒
60毫升 半对半奶油
装饰：薄荷叶

- 步骤 -
❶ 将所有原料倒入摇酒壶,加冰搅匀。
❷ 滤入马天尼杯,以薄荷叶装饰。

在美国新奥尔良法语区,有一家1856年开业的百年老餐厅图加格(Tujague's)。1918年,餐厅老板菲利贝尔·吉谢(Philibert Guichet)去纽约参加了一场鸡尾酒比赛,他的参赛作品正是绿蚱蜢。最终他在比赛中获得了第二名,绿蚱蜢也被加入到图加格的酒单当中。这家餐厅今天仍在营业,而绿蚱蜢也早已成为它的招牌。

可能很多人觉得绿蚱蜢是一杯甜腻的酒,

其实完全不是这样。在做它的时候,利口酒用量不要太多,否则会很腻。我的做法是30毫升白可可利口酒加12毫升薄荷利口酒。另外,一定要用半对半奶油。有的酒吧用牛奶来做,厚度不够,味道会淡。

绿蚱蜢是一杯很优雅的酒,颜色是很嫩的绿色。很多人会把它做得很脏,薄荷绿色太浓郁,和优雅完全没关系了。

波特酒弗利普
PORT WINE FLIP

- 配方 -

30毫升 波特酒

10毫升 人头马VSOP优质香槟区干邑

10毫升 单糖浆

1只 鸡蛋

- 步骤 -

❶ 将整只鸡蛋打入摇酒壶，用打蛋器打至微微发泡。

❷ 倒入其他所有原料，加冰摇匀。

❸ 滤入碟形杯。

弗利普（Flip）是一个古老的鸡尾酒家族，原料包括酒、糖和一整个鸡蛋。所以只要是叫弗利普的酒，就一定要有鸡蛋。

早在17世纪晚期就有关于弗利普的书面记录了。当时，它是用啤酒、朗姆酒、甘蔗糖蜜和鸡蛋做成的热饮，很受英国水手欢迎。弗利普这个名字源自它独特的加热方式。当时它不是放在炉子上加热，而是把一根烧得通红的铁棍放入酒里，酒液会立刻变热，翻起泡沫。这种起泡的现象叫作"flipping"，弗利普的名字就是这么来的。

后来，啤酒渐渐地从弗利普的配方中消失了，也不再需要加热，而是加冰摇匀。弗利普就这样演变成了现在的模样。

弗利普可以用各种各样的基酒来做。鸡尾酒教父杰瑞·托马斯在1887年版的《调酒师指南》里面列出了很多不同基酒的弗利普配方，包括白兰地、朗姆酒、金酒、威士忌等。当然，也包括这一篇的主角——波特酒弗利普。

现在我们已经很少用波特酒来调酒了，但是放在以前，它是一种相当常见的调酒原料。波特酒是产自葡萄牙的一种加强型葡萄酒。根据原料和酿造方法的不同，波特酒可以分为白波特酒、红宝石波特酒、茶色波特酒、年份波特酒等。因为波特酒在国内不是很常见，我觉得用市面上普通的红宝石波特酒就可以。它是一种最多陈放三年的波特酒，果香浓郁，酒液是红宝石色，所以叫作红宝石波特酒。

弗利普要用到鸡蛋，一定要注意生鸡蛋的安全问题。我还是推荐大家选用可以生吃的日本兰王鸡蛋。

凯匹林纳
CAIPIRINHA

- 配方 -

90毫升 赛格提芭朗姆酒(卡莎萨)

6吧勺 单糖浆

1只 青柠

- 步骤 -

❶ 将一整只青柠纵向对半切开,然后切花刀。

❷ 将青柠放入摇酒壶,再倒入卡莎萨,用捣棒捣压。

❸ 倒入单糖浆,加碎冰摇匀。

❹ 不用过滤器,将酒直接倒入杯中。

　　说起凯匹林纳我深有感触。为什么呢?因为它说明调酒师永远不要想当然地去理解一款经典鸡尾酒。

　　我以前做凯匹林纳的时候,一直觉得它很难喝,也从来不向客人推荐。直到2012年我第一次去巴西,在里约热内卢最有名的科帕卡巴纳海滩喝到了一位老太太做的凯匹林纳,让我对这款酒的印象完全改观。

　　我觉得在那个沙滩上,这位老太太的店是凯匹林纳做得最好的,我就天天过去喝。不过她说葡萄牙语,我们两个人语言不通,后来她把她女儿叫了过来,我们才可以交流。她做了一辈子的凯匹林纳,我现在做这杯酒的方法就是跟她学的。

　　我以前做凯匹林纳是搅拌,用的是青柠汁而不是一整个青柠,出来的味道是不对的。在巴西要用一整个青柠,青柠的切法也有讲究,而且一定要摇匀。这杯酒的充气氧化很厉害,要用碎冰来摇匀。

　　所以,凯匹林纳其实是一杯很好喝的鸡尾酒,但是如果制法不对,就会把它做得很难喝。作为调酒师,我们永远不要想当然地去理解一款经典鸡尾酒,而是要不断去研究它,发掘它本来的面目。

　　凯匹林纳的基酒是巴西特有的卡莎萨(cachaca)。虽然有时人们会把卡莎萨翻译成"朗姆酒",但其实两者是有区别的。首先,朗姆酒在世界各个地方都可以生产,但卡莎萨只能在巴西生产。其次,朗姆酒和卡莎萨的原料都是甘蔗,但朗姆酒可以用新鲜甘蔗汁酿造,也可以用生产蔗糖的副产品——糖蜜来酿造,而卡莎萨只能用巴西本地的新鲜甘蔗汁酿造。另外,卡莎萨还会用巴西土生木头做成的木桶来陈年,像良木和斑马木,不同的木桶带来的风味也不一样。

查理·卓别林
CHARLIE CHAPLIN

- 配方 -

30毫升 海曼黑莓金酒

30毫升 路萨朵杏味力娇酒

30毫升 新鲜柠檬汁

- 步骤 -

❶ 将所有原料倒入摇酒壶,加冰摇匀。

❷ 滤入碟形杯。

顾名思义,这是一款向喜剧大师卓别林致敬的鸡尾酒。大家肯定都非常熟悉卓别林了,他是无声片时期的喜剧大明星,代表作包括《摩登时代》《大独裁者》等。

这款鸡尾酒是 20 世纪 20 年代由纽约华尔道夫酒店发明的,那正是卓别林职业生涯的黄金时期。1935 年出版的《老华尔道夫酒吧手册》就收录了它的配方。

查理·卓别林的配方很特别,没有用到任何的烈酒。它的原料是等份的黑刺李金酒(sloe gin,又被译为黑莓金酒)、杏果利口酒和新鲜柠檬汁,闻起来非常香,也非常好喝。

用黑刺李金酒做基酒的经典鸡尾酒比较少,从这个意义上说,查理·卓别林值得大家掌握。

斯普莫尼

SPUMONI

- 配方 -

45毫升 金巴利苦味利口酒

45毫升 新鲜西柚汁

用来加满的汤力水

- 步骤 -

❶ 将所有原料倒入加满冰块的高球杯。

❷ 用吧勺轻轻搅拌一下。

不知道大家喜欢吃意大利冰激凌吗？如果你经常吃，可能听说过斯普莫尼。有人把它翻译成意式千层冰激凌，但是它一般只有三层，由三种不同颜色和口味的冰激凌组成，有时还会加上鲜奶油和水果。

既然斯普莫尼是一种冰激凌，那么同名鸡尾酒肯定是意大利的吧？如果你这么想就错了！其实，它是一款不折不扣的日本鸡尾酒。

虽然我们不知道斯普莫尼是哪位日本调酒师发明的，但可以肯定的是，它在日本非常流行，而且并不仅限于鸡尾酒吧。在居酒屋、餐厅、甚至是卡拉 OK 里，都能喝到斯普莫尼。"三得利"甚至曾经推出过一款罐装斯普莫尼，买回去只要加汤力水就能喝。但如果你去意大利，随便让一个调酒师给你做斯普莫尼，他很可能连这杯酒的名字都没听说过。

斯普莫尼的配方是金巴利、西柚汁和汤力水。酒精度不高，很适合作为餐前酒。如果你觉得阿佩罗橙光太常见了，可以在酒单里加上这款更冷门的斯普莫尼，为客人提供更多餐前酒的选择。

雪利寇伯乐
SHERRY COBBLER

- 配方 -

60毫升 甜型雪利酒
5毫升 路萨朵经典意大利樱桃力娇酒
10毫升 单糖浆
10毫升 新鲜橙汁
10毫升 新鲜菠萝汁
装饰：新鲜橙片

- 步骤 -

❶ 将所有原料倒入摇酒壶，加冰摇匀。
❷ 滤入杯中，以橙片装饰。

雪利寇伯乐有多古老呢？它的历史可以追溯到19世纪30年代，而且可以说是那个年代美国最流行的鸡尾酒。

美国鸡尾酒教父杰瑞·托马斯在1862年出版的《调酒师指南》里面就收录了雪利寇伯乐的首个书面配方。当时他记录的配方是这样的：2 葡萄酒杯雪利酒、1 汤勺糖、2 或 3 片橙子。做法是加碎冰，用力摇匀，然后用当季莓果装饰。

雪利寇伯乐的人气维持了很长时间。美国的另一位鸡尾酒文化先驱哈利·约翰逊在1888年出版的《新编调酒师手册》中是这样描写雪利寇伯乐的："这款酒无疑是这个国家最流行的饮品，同时受到女士和先生的青睐。

无论对年长者还是年轻人来说，它都是非常清爽的一款饮品。"

不过随着美国禁酒令的到来，雪利寇伯乐也渐渐消失了。近年来，随着经典鸡尾酒的复兴，它又重新出现在人们的视线当中。

其实寇伯乐也是一个鸡尾酒家族。它的一大特征就是杯子里一定要装满碎冰，同时要用水果，也可以用薄荷来装饰，而且要用吸管来喝。寇伯乐一般是用葡萄酒做基酒，但也可以用烈酒。雪利寇伯乐是这个家族中最著名的成员，其他不那么常见的成员包括香槟寇伯乐（Champagne Cobbler）、克拉雷寇伯乐（Claret Cobbler）、威士忌寇伯乐（Whiskey Cobbler）等。

黑刺李金菲兹
SLOE GIN FIZZ

- 配方 -

40毫升 海曼黑莓金酒
10毫升 单糖浆
20毫升 新鲜柠檬汁
用来加满的香槟

- 步骤 -

❶ 将除了香槟之外的所有原料倒入摇酒壶，加冰摇匀。
❷ 滤入高球杯，加满香槟。

　　什么是黑刺李金酒？它是用黑刺李跟金酒一起浸泡得来的，而且需要增甜，酒精度必须在25度以上。

　　黑刺李金酒原产于英国，在英国历史上非常流行。这是由于17世纪《圈地法案》颁布之后，英国的有产者纷纷种起篱笆，圈占土地，而黑刺李因为刺多、长得密，成为最受欢迎的篱笆灌木。每年秋天黑刺李都会结果，英国人觉得不能浪费，就把果实采摘下来。但是黑刺李本身的味道很涩，不能直接吃，于是他们想到用它来酿酒。黑刺李金酒就这样诞生了。

　　黑刺李金酒的颜色是非常漂亮的深红色。它虽然不像伦敦干金酒那么常见，但却是某些经典鸡尾酒必不可少的原料，

　　最近几年，黑刺李金酒迎来了一波复兴。很多金酒品牌都纷纷推出黑刺李金酒。作为调酒师，我们有必要掌握几款黑刺李金酒做的经典鸡尾酒。

香迪格夫
SHANDY GAFF

- 配方 -

2/3杯 艾尔啤酒

1/3杯 干姜水

- 步骤 -

❶ 将冰过的啤酒倒入高球杯。

❷ 加满冰过的干姜水。无须搅拌。

香迪格夫是一款既古老又简单的鸡尾酒。

说它古老，是因为它至少在19世纪中期就流行了。说它简单，是因为它只需要两种原料——啤酒和干姜水。

在1888年出版的《新编调酒师手册》里，作者哈利·约翰逊记录了它的配方：1/2大杯艾尔啤酒、1/2大杯干姜水。他还补充说，这是一款"非常古老的英格兰酒饮"。

香迪格夫这个名字可能是源自一句英语的俗话：Shant of gatter。它的意思是"pub water"，也就是"酒吧水"。如果19世纪的英国人在酒吧里跟酒保说这个词，意思就是来一杯啤酒。慢慢地，这句话缩减成了"shandy"，用来特指啤酒加软饮做成的饮品。

今天，很多酒吧用啤酒和柠檬汽水来做香迪格夫，但我们要记住，原始的香迪格夫要用啤酒加干姜水来做。英国著名作家查尔斯·狄更斯就是原版香迪格夫的忠实"粉丝"。他曾经说过，它是"啤酒和汽水的完美组合"。

蜜月
HONEYMOON

- 配方 -

40毫升 卡尔瓦多斯
20毫升 法国廊酒
8毫升 君度橙酒
12毫升 新鲜柠檬汁
1个 蛋清
装饰：橙皮卷

- 步骤 -

❶ 将蛋清放入波士顿摇酒壶，用手持搅拌器搅拌至发泡。
❷ 加入其他所有原料，加冰摇匀，滤入马天尼杯。
❸ 在酒的上方挤一下橙皮，然后将橙皮放入杯中。

这是一款名字非常甜蜜的鸡尾酒——蜜月。

它是一款诞生于20世纪30年代的鸡尾酒，诞生地是好莱坞非常有名的一家餐厅，叫作棕色礼帽（The Brown Derby）。

这家餐厅是很有故事的。它的入口是一顶巨型棕色圆顶礼帽的样子。在那个年代，经常有好莱坞明星出没于此。另外，它还是著名的考伯沙拉（Cobb Salad）的诞生地。后来棕色礼帽发展成了连锁餐厅，但大部分早就关门大吉了。现存唯一的一家棕色礼帽是在佛罗里达州的迪士尼乐园里面。你还能在那里吃到考伯沙拉，但是能不能喝到蜜月就不知道了。

据说，蜜月在当时是棕色礼帽的招牌鸡尾酒之一。它的原料包括卡尔瓦多斯、法国廊酒、橙皮利口酒、柠檬汁还有蛋清。这是一杯集合了果香和草本风味的复杂鸡尾酒，蛋清为它带来美妙的丝滑质感。

皇家基尔
KIR ROYALE

- 配方 -
20毫升 黑加仑利口酒
3/4杯 干型香槟

- 步骤 -
❶ 将香槟慢慢倒入香槟杯。
❷ 倒入20毫升黑加仑利口酒, 无须搅拌。
❸ 饮用时可搭配当季莓果。

皇家基尔, 一杯来自法国的香槟鸡尾酒。它的配方很简单, 由两种产自法国的原料组成: 黑加仑利口酒和香槟。

基尔其实是一个人的名字。他的全名叫菲利克斯·基尔 (Felix Kir), 是法国第戎的一名天主教牧师。第二次世界大战期间, 第戎被占领, 当地的官员早就闻风而逃。但基尔留了下来, 并且帮助四千多名战俘逃离了当地的集中营。

第戎所在的勃艮第地区是法国著名的红酒产区。据说占领者把当地的红酒全部没收了, 于是基尔特地创作了一款鸡尾酒, 用第戎特产黑加仑利口酒加上白葡萄酒, 做出来的酒就是红葡萄酒的颜色。这款酒根据他的名字来命名, 就叫作基尔。

如果把白葡萄酒换成香槟, 就是更高级的皇家基尔。

因为基尔在法国抵抗运动中做出了很大贡献, 他后来获得了法国荣誉勋位勋章, 并且从 1945 年开始担任第戎市长, 直到 1968 年逝世。

伊丽莎白女王
QUEEN ELIZABETH

- 配方 -

45毫升 仙山露特干味美思
20毫升 法国廊酒
15毫升 新鲜青柠汁
装饰: 青柠皮卷

- 步骤 -

❶ 将所有原料倒入摇酒壶, 加冰摇匀。
❷ 滤入碟形杯, 以青柠皮卷装饰。

看到伊丽莎白女王这个名字, 你是不是觉得它是一杯献给英国女王的鸡尾酒?

你错了! 此伊丽莎白非彼伊丽莎白。

这款酒来自美国费城的一个调酒师, 叫作赫伯特·L·奎克 (Herbert L. Quick)。1935 年, 他参加了一场由法国廊酒主办的全国鸡尾酒比赛, 而这款伊丽莎白女王正是他的参赛作品。只不过, 他是用自己妻子的名字来给这杯酒命名的, 而不是英国女王。最后, 他凭借这款酒获得了冠军。

既然是法国廊酒调酒比赛的冠军作品, 那么配方里一定有法国廊酒。另外的两样原料是干味美思和青柠汁。配方并不复杂, 口感平衡, 而且能够突出法国廊酒本身的草本风味。

所以你看, 并不需要用七八种原料才能在鸡尾酒比赛中获胜。有时, 简单就是美。

杏果鸡尾酒
APRICOT COCKTAIL

- 配方 -

45毫升 杏果利口酒

5毫升 添加利伦敦干味金酒

25毫升 新鲜柠檬汁

25毫升 橙汁

- 步骤 -

❶ 将所有原料倒入摇酒壶,加冰摇匀。

❷ 滤入碟形杯。

这是一款比较少见的,以杏果利口酒作为基酒的鸡尾酒。杏果利口酒的风味其实比较百搭,跟很多烈酒和果汁都搭配和谐。但是你很难找到一款用它做基酒的经典鸡尾酒。

要知道,很多经典鸡尾酒都是以烈度取胜,而这款杏果利口酒是以风味为主导。它里面虽然加了一点金酒,但只是为了增加风味,而不是烈度。

可惜的是我到目前还找不到它的出处。有些经典就是这样,出处已经淹没在历史中了。或许某一天,有人能找到关于它们的记录。

乒乓
PING-PONG

- 配方 -

30毫升 海曼黑莓金酒

30毫升 紫罗兰利口酒

20毫升 新鲜柠檬汁

装饰：鸡尾酒樱桃

- 步骤 -

❶ 将所有原料倒入摇酒壶，加冰摇匀。

❷ 滤入马天尼杯，以鸡尾酒樱桃装饰。

　　乒乓这款鸡尾酒很有意思：它的基酒不是烈酒，而是两款利口酒——等份的黑刺李金酒（严格意义上属于利口酒）和紫罗兰利口酒。或许正是这个原因吧，两款利口酒产生了奇妙的互动，恰如乒乓球，一来一回，产生了味觉上的张力。

　　关于这款酒我也没有找到它的起源，算是个小小的遗憾。不过，这并不妨碍我们去欣赏这款冷门的鸡尾酒。

附录

什么是单糖浆？

单糖浆（simple syrup）是鸡尾酒中常见的甜味剂，用比例为 1 ∶ 1 的糖和水制成。自制单糖浆非常简单，只需要将相同比例的白砂糖和常温水混合，用力摇晃，待糖完全溶化即可。有的鸡尾酒会用到浓糖浆（rich simple syrup），它是用比例为 2 ∶ 1 的糖和水制成的。

什么是青柠角、青柠片和青柠圈？

将青柠竖切成六至八瓣，做出来的就是青柠角（lime wedge）；青柠片（lime slice）指的是半圆形的青柠薄片；青柠圈（lime wheel）指的是圆形的青柠薄片。柠檬和橙子同理。

什么是橙皮卷？

橙皮卷（orange twist）是一种常见的鸡尾酒装饰。具体做法是在鸡尾酒的上方扭转橙皮，令橙皮油喷溅在酒液中，起到增香作用，然后将橙皮放入杯中。如果配方写的是"以橙皮装饰"，那就意味着没有扭橙皮的动作，直接将橙皮放入杯中即可。柠檬皮卷和青柠皮卷同理。

什么是橙皮屑？

橙皮屑（orange zest）是用削皮刀从新鲜橙皮上削下来的碎屑，能起到为鸡尾酒增添香气和风味的作用。

什么是重奶油和半对半奶油？

重奶油（heavy cream）指的是脂肪含量为 36% 的奶油。将等量的重奶油和牛奶混合在一起，做出来的就是半对半奶油（half-and-half）。

配方中的 1 份、2 份是什么意思？

有时配方中的原料用量会用 1 份（1 part）、2 份（2 parts）来表示，而不是用克或毫升来表示。其实，这是一种更为灵活的计算用量的方法。通常而言，1 份等于 30 毫升，那么 2 份就是 60 毫升，1.5 份就是 45 毫升。可以根据酒杯的大小或所需成品的分量去按比例增加或减少用量。

金众磊 Kin

编著者

知名酒吧集团酒池星座（Bar Constellation）创始人，苏格兰双耳杯执杯者，美国持令勋章会成员，日本调酒师协会及国际调酒师协会成员。入行 30 年，为经典鸡尾酒和威士忌文化在中国的普及做出了有目共睹的贡献，曾著有《KIN 调酒人生》一书。

舒宓 Stella

编著者

常驻上海的资深酒类作者 / 翻译，曾译有《鸡尾酒法典》一书，现任《饮迷》主编。"无可救药"的鸡尾酒爱好者，坚信每一杯酒后的故事都值得诉说，致力于让更多人了解并爱上鸡尾酒文化。

摸灯醉叔叔

审订团队

主打鸡尾酒、饮品和烈酒培训视频的线上教育平台，集合国内行业大咖，凭借优质专业内容获得大量粉丝关注。旗下人气课程包括金众磊的《调酒大神的 12 节经典鸡尾酒课》、欧阳智安的《全球饮品流行趋势》等。

官方公众号：摸灯醉叔叔

本书摄影、设计：刘超 Leo
photogleo.com

封面设计：刘超、刘海文

摸灯醉叔叔

专注酒饮丛书策划
http://yge.tech